天津

历史风貌建筑保护技术

天津市历史风貌建筑保护中心 编

中国建筑工业出版社

图书在版编目（CIP）数据

天津历史风貌建筑保护技术/天津市历史风貌建筑
保护中心编.—北京：中国建筑工业出版社，2019.12
　ISBN 978-7-112-24646-5

　Ⅰ.①天… Ⅱ.①天… Ⅲ.①古建筑—保护—天津
Ⅳ.①TU-87

　中国版本图书馆CIP数据核字（2020）第016580号

策　　划：王　跃　魏　枫　国旭文
责任编辑：吕　娜　王　鹏　齐庆梅
责任校对：赵　颖

天津历史风貌建筑保护技术
天津市历史风貌建筑保护中心　编
　　＊
中国建筑工业出版社出版、发行（北京海淀三里河路9号）
各地新华书店、建筑书店经销
北京点击世代文化传媒有限公司制版
天津图文方嘉印刷有限公司印刷
　　＊
开本：880毫米×1230毫米　1/16　印张：9　字数：215千字
2021年2月第一版　2021年2月第一次印刷
定价：128.00元
ISBN 978-7-112-24646-5
　　（35002）

前　言

　　天津是我国近代接触西方文化最早的城市之一，形成了中西合璧、古今交融的城市文化，也成就了独具地域特色的历史风貌建筑。天津作为国家级历史文化名城，显著标志之一就是拥有形式多样的历史风貌建筑。这些历史风貌建筑汇集了世界各国的建筑风格和艺术，不仅是一座难得的建筑艺术宝库，还是一部浓缩的中国近现代史，已经成为我市宝贵的历史文化遗产和不可再生的城市资源。

　　2005年，《天津市历史风貌建筑保护条例》(以下简称《条例》)颁布实施后，天津形成了独特的保护利用模式，有效保护了天津珍贵的建筑文化遗产，实现了历史文化挖掘整理和合理利用的高度结合，使历史风貌建筑成为城市重要的人文地标和文化载体。依据《条例》建立了历史风貌建筑管理信息系统、查勘资料库，编制了修缮技术规程、保护图则、外檐导则，为全市历史风貌建筑保护管理搭建了高效便捷的工作平台。同时，不断挖掘建筑修缮传统工艺技术，开展有针对性的科研课题研究，为历史风貌建筑"修旧如故"提供了科学、适用的技术支撑。

　　本书梳理了十几年来天津历史风貌建筑保护的管理与技术特色，结合天津历史风貌建筑修缮经典案例，介绍了天津历史风貌建筑概况、历史风貌建筑的保护技术体系、历史风貌建筑外立面与内饰保护修缮技术、结构加固修缮技术等内容。因此本书适合从事建筑遗产保护的专业技术人员和管理人员阅读，也可供历史风貌建筑学习爱好者参考。希望本书的出版不仅对天津历史风貌建筑保护实践层面有重要的借鉴价值和指导意义，也对今后的历史风貌建筑保护科研工作起到推动作用。

目 录

第1章　天津历史风貌建筑保护概述　001

　1.1　天津历史风貌建筑概述　002
　1.2　历史风貌建筑保护原则　008

第2章　历史风貌建筑的保护技术体系　009

　2.1　技术体系　010
　2.2　技术资料　010
　2.3　技术标准　012
　2.4　技术支持与指导　016

第3章　历史风貌建筑查勘及安全鉴定技术　019

　3.1　历史风貌建筑损坏程度　020
　3.2　影响历史风貌建筑安全的主要因素　022
　3.3　历史风貌建筑安全查勘　022
　3.4　历史风貌建筑安全性鉴定　067

第4章　历史风貌建筑外立面与内饰修缮技术　075

　4.1　价值评估　076
　4.2　历史风貌建筑外立面修缮技术　079
　4.3　历史风貌建筑内饰修缮技术　098

第5章　结构加固修缮技术　113

　5.1　基础加固　114
　5.2　墙体加固　116
　5.3　混凝土构件加固　128
　5.4　木构件加固　132

参考文献　138

第1章

天津历史风貌建筑保护概述

1.1 天津历史风貌建筑概述

1.1.1 基本情况 [1][2]

历史风貌建筑是天津保护特定建筑遗产的法定名词，按照《天津市历史风貌建筑保护条例》的定位，历史风貌建筑是：建成50年以上，在建筑样式、结构、施工工艺和工程技术等方面具有建筑艺术特色和科学价值；反映本市历史文化和民俗传统特点，具有时代特色和地域特色；具有异国建筑风格特点；著名建筑师的代表作品；在革命发展史上具有特殊纪念意义；在产业发展史上具有代表性的作坊、商铺、厂房和仓库；名人故居及其他具有特殊历史意义的建筑。

2005年9月1日，《天津市历史风貌建筑保护条例》（以下简称《条例》）出台，按照《条例》的规定，经天津市历史风貌建筑保护专家咨询委员会审查，天津市政府于2005～2013年分6批确认了历史风貌建筑877幢126万平方米。其中，特殊保护级别69幢，重点保护级别205幢，一般保护级别603幢，分布在全市15个区县。在877幢历史风貌建筑中，有各级文物保护单位195处。

1986年天津市被确定为国家级历史文化名城，2006年3月国务院批准的天津市城市总体规划的历史文化名城规划中，确定了14片历史文化风貌保护区，大部分历史风貌建筑就坐落在这些历史文化风貌保护区内（图1-1）。

天津现存的历史风貌建筑既有中国传统风格的四合院、殿堂、寺院，又有西洋古典、现代建筑，它们和历史文化风貌保护区一起，形成了独特的建筑文化和城市景观，也是天津作为国家级历史文化名城的重要载体（图1-2）。

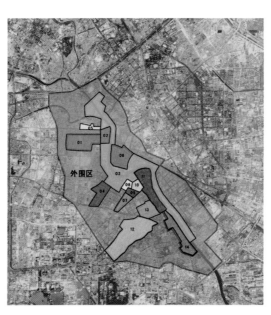

01– 老城厢历史文化风貌保护区
02– 古文化街历史文化风貌保护区
03– 海河历史文化风貌保护区
04– 鞍山道历史文化风貌保护区
05– 估衣街历史文化风貌保护区
06– 一宫花园历史文化风貌保护区
07– 赤峰道历史文化风貌保护区
08– 劝业场历史文化风貌保护区
09– 中心花园历史文化风貌保护区
10– 承德道历史文化风貌保护区
11– 解放北路历史文化风貌保护区
12– 五大道历史文化风貌保护区
13– 泰安道历史文化风貌保护区
14– 解放南路历史文化风貌保护区

图1-1 14片历史文化风貌保护区

1.1.2 历史背景 [2]

天津的历史风貌建筑和历史风貌保护区是天津社会和城市发展的见证。天津地区发现最早的人类活动遗存，属距今一万年前的旧石器时代；隋唐、宋辽时期，天津地区出现了规模较大的建筑群。目前人类建筑活动的最早实物为重建于辽代统和二年（984年）的独乐寺。明永乐二年（1404年）天津设卫，明成祖朱棣为纪念自己南下夺取政权之事，赐名"天津"，即天子的渡口，由此开始了天津城市的历史（图1-3）。

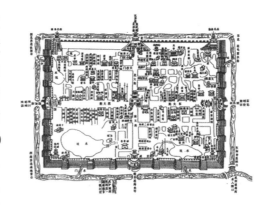

图1-2 天津老城厢图

历经明、清两朝，天津以老城厢为建筑的大本营，以漕运文化为基础，经历了由卫城到州城、府城的升级，也逐渐地由单纯的军事基地演变成为商贾云集的中国北方经济文化重镇。天津老城城池为占地约1.76平方千米的长方形，与中国传统古城基本类似，平面是以鼓楼为中心的十字街布局，四条大道两侧配以小街、小巷，形成若干胡同街坊，老城建筑除少数公署衙门、文庙等为传统大式建筑外，民居以小式建筑为主，杂以部分南方民居形式，呈现了南北交融的中国传统建筑风格（图1-4）。

图1-3 明代鼓楼

1860年第二次鸦片战争后，天津被迫开埠；1900年八国联军入侵，天津老城于1900年11月26日被八国联军拆毁，四段城墙被拆毁改成了四条马路。从1860年开始，英、法、美、德、日、俄、意、比利时、奥匈帝国等9个帝国主义国家先后在天津设立了租界（图1-5）。

九国租界的形成大致分为三个阶段。

第一阶段：英、法、美租界的开辟。

图1-4 广东会馆

1860年，英法联军发动的第二次鸦片战争迫使清政府签订了中英、中法《北京条约》，天津开埠成为通商口岸。同年12月7日，划海河西岸紫竹林、下园一带为英租界；次年6月，法、美两国亦在英租界南北分别设立租界。

第二阶段：德、日租界的开辟与英租界的扩张。首先，德国于1895年在海河西岸

图1-5 天津原租界示意图

开辟租界。1896年日本在法租界以西开辟租界。1897年，英国强行将其原租界扩张到南京路北侧。

第三阶段：九国租界的形成。1900年八国联军入侵，俄国于1900年在海河东岸划定租界，比利时于1902年在俄租界之南划租界地，意大利也于同年在俄租界之北开辟租界，最后奥匈帝国在意租界以北占地为租界。与此同时，英、法、日、德四国又趁机扩充其租界地，最后形成了九国租界聚集海河两岸，总计占地23350.5亩（约1556.7公顷）的格局。而当时的天津老城厢占地2940亩（约196公顷），仅为租界总占地的1/8。

九国租界在天津存续时间最长的为英租界——85年，最短的为奥匈帝国租界——17年。九国租界并存同一城市，在世界城市的发展史上是空前的。由此可见天津在中国近代史上背负了最沉重的耻辱，同时九国租界遗存的历史风貌建筑及其建设过程中派生的多元文化，也成为今天城市建设中不可忽视的历史文脉和宝贵的文化资源。大规模的租界建设，使得西洋建筑文化和技术涌入天津，天津的建筑从中国传统形式走向了中西荟萃、百花齐放的形式。

在中国城市发展史上，600年的城市仍是年轻的城市。天津作为国家级历史文化名城，没有北京、西安、南京等古都的显赫地位，也没有扬州、苏州、开封等古城的辉煌文化，天津城市文化的突出价值在于近代百年与西方文明的对接，鸦片战争后中国发生的重大历史事件大部分能在天津找到痕迹，因此在中国史学界，素有"五千年看西安，一千年看北京，百年历史看天津"的说法。

1.1.3 基本类型 [2]

天津的历史风貌建筑林林总总，跨越了一千多年，涵盖了居住、公共建筑等多个领域。为便于管理和研究，从三个方面进行分类。

1. 按建筑年代分为两类

1860年的第二次鸦片战争，天津被迫开埠，逐渐成为9个帝国主义国家的租界，天津的建筑从中国传统建筑走向了中西荟萃，突出地表现了时代的变迁和观念的转换，有很强的时代印记。因此我们以1860年为分水岭，将天津的风貌建筑分为古代历史风貌建筑（1860年以前）和近代历史风貌建筑（1860～1950年）（图1-6）。

古代历史风貌建筑主要为中国传统建筑，现存50余幢，主要分布在蓟州区、老城厢。如建于辽代统和二年（984年）的独乐寺、元朝泰定三年（1326年）的天后宫、明朝宣德二年（1427年）的玉皇阁。近代历史风貌建筑是天津历史风貌建筑中数量最多、最具特色的瑰宝，主要分布在天津市中心城区海河两岸。

2. 按使用功能分为十类

居住建筑是目前保存量最大也是最具特色的一类，其中又可细分为独立式住宅、单元公寓式住宅、独门联排式住宅等。其他类型为教育建筑、金融建筑、商贸建筑、办公

图 1-6　花园独立式住宅——张园

图 1-7　单元公寓式住宅——民园大楼

图 1-8　独门联排式住宅——安乐邨

图 1-9　鲍贵卿旧宅

建筑、厂房仓库、宗教建筑、娱乐体育建筑、医院建筑、交通建筑等（图 1-7、图 1-8）。

3. 按建筑外部特征分为五类

中国传统官式建筑：严格按照中国传统建筑的形制建造的建筑，主要为寺庙、官衙等，如天后宫、玉皇阁、大悲院等。

欧洲古典复兴主义特征：建筑多是以古希腊、古罗马及文艺复兴时期的建筑范式为摹，如开滦矿务局办公楼、原汇丰银行等。

折中主义特征：既有欧洲典型的集仿主义建筑，也有中西合璧的折中主义建筑，天津大多数历史风貌建筑属于此类，如鲍贵卿旧宅等（图 1-9）。

各国民居特征：有中国传统民居和天津地方文化结合产生的天津合院民居形式，如石家大院、徐家大院等；更多的是采用欧洲各国的典型民居形式，如西班牙、英国、德国、意大利等国的民居（图 1-10、图 1-11）。

现代主义特征：引进新结构、新材料的建筑，如利华大楼（图 1-12）、渤海大楼等。

1.1.4　基本特点 [2]

1. 建筑年代相对集中

天津 60% 的历史风貌建筑是在 1900 ~ 1937 年不足 40 年的时间里建成的。

图1-10 达文士楼（西班牙民居风格）

图1-11 许氏旧宅（英国民居风格）

图1-12 利华大楼

2. 各类建筑相对集中，呈现群区性

中国传统建筑集中在老城厢和古文化街一带；建筑规模宏大的金融建筑主要集中在解放北路一带，被称为"金融一条街"；商贸性建筑主要集中在和平路及估衣街、古文化街一带；居住建筑主要集中在老城厢、河北区一宫、河西区大营门、和平区五大道地区及中心花园附近；仓库厂房建筑则集中在海河沿岸。

3. 近代历史风貌建筑的设计理念、应用技术与西方社会同步

一是先进的设计理念：20世纪20年代，正值英国"花园城市"规划理论盛行之时，英租界新区（即现在的五大道地区）基本按照该理论进行规划与建设，居住区规模适中，配备了学校、教堂、花园、体育场等完整的公共配套设施，形成了宜人的空间尺度和舒适的居住环境。新型公寓建筑、联排住宅等也直接从其诞生地移植到了天津。

二是完善的公共配套和室内设施：各租界的建设注重整地筑路，完善的市政设施，如路灯、绿化、给水排水等设施的建设，在住宅中引进推广了水冲式厕所，改善了居住环境，提高了卫生水平。

三是先进的房地产开发模式：各租界的建设引进了西方的房地产开发理念和模式。如英、法租界将地块按照四方块划分，周围用道路围合，利于分期出让土地。

四是现代生活方式和城市空间的引入：各租界的建设引进了西方的现代生活方式，如以起居、餐厅、舞厅为中心的家庭生活方式，以公园、教堂、市政厅为中心的社会生活方式，以电车、汽车代步的现代交通方式。这些开放的生活方式与中国传统生活方式迥然不同，同时也带来了迥然不同的城市空间。

4. 建筑风格纷呈，建筑艺术多样

由于受中国传统建筑和西方建筑思潮的双重影响，形成了中国传统建筑、古典复兴建筑、折中主义建筑、现代建筑等不同风格建筑共存的局面。它们相互辉映，共同形成了天津独特而又丰富的城市空间和景观。

5. 建筑材料及建造技术特色突出

天津独特的地理环境和水土，形成了独特的建筑材料和建造技术，这些材料和技术在历史风貌建筑上得到了充分体现。如黏土过火砖（俗称疙瘩砖）在五大道民居中运用广泛，其厚重的质感和沉稳的色彩，成为天津建筑的标志（图 1-13）。其他如清水砖、粗面石材、仿石水刷石、水泥拉毛墙、细卵石墙等也很常见，材料的质感与美感体现了天津建筑的纯朴与厚重（图 1-14）。建造技术融汇了中国南北、世界东西之所长，形成了天津的特色建造技术。如广东会馆戏楼的鸡笼斗栱，独特而适用；石家大院的地下通道式的土空调等都为创新之举。

图 1-13　疙瘩砖细部

图 1-14　细卵石墙面

6. 人文资源丰厚

由于天津靠近北京，开放较早，经济繁荣，社会各界名流涌居天津，天津为他们提供了施展才华的舞台，近代中国上演的历史活剧给天津留下了珍贵的遗迹。经考证，近代有 200 余位名人政要曾在天津留下了寓所、足迹和故事：革命先驱孙中山、周恩来、邓颖超、张太雷等在此留下了革命斗争的历史；爱国将领张学良、吉鸿昌、张自忠，曾将这里作为人生的重要舞台；中国近代史上一批杰出的文教科技界人士梁启超、李叔同、严复、张伯苓、侯德榜等在此创办新学、宣传新文化、实践科技救国（图 1-15）；末代皇帝溥仪、庆亲王载振在天津做过复辟王朝的白日梦；北洋政府的数任总理和国务大臣在天津导演了一幕幕政治活剧。

图 1-15　南开中学

伴随这些历史人物，在天津的历史风貌建筑中发生了很多中国近代史的开创性历史事件。曾有学者做过统计，近代中国历史上

图 1-16　北洋大学堂

有 130 余项"第一"在天津诞生，如第一枚邮票、第一张报纸、第一所现代大学等，这些都构成了天津丰富独特的城市人文和旅游资源（图 1-16）。

历史风貌建筑和历史文化街区作为一种集中有形的建筑资源与无形的人文资源于一体的历史遗存，是天津的宝贵财富，也是城市再发展的文化源泉。今天的天津正按照京津冀协同发展等国家战略的指引，向世界级城市目标迈进。在用创新、协调、绿色、开

放、共享等五大理念建设城市、繁荣城市的同时，更好地保护历史文化遗产，更多地突出天津特色，将是建设城市的重要内容。

1.2 历史风貌建筑保护原则

历史风貌建筑保护应遵循"保护优先、合理利用、修旧如故、安全适用"的原则。

1.2.1 保护优先原则

历史风貌建筑的整体保护应放到首位，对历史风貌建筑的拆除、迁移、重建以及修缮、装修等，要以规范保护，防止重建设轻保护的做法，体现以人为本的城市理念。

1.2.2 合理利用原则

非正常使用房屋将会直接影响历史风貌建筑的寿命，并产生安全隐患。业主（指产权人、经营管理人及使用人等）应按照历史风貌建筑的设计用途、功能等正常、规范使用，并注意维修、保养，延长历史风貌建筑的使用年限。

1.2.3 修旧如故原则

修旧如故是历史风貌修缮的特点，首先区别于文物建筑的"修旧如旧"，还与"修葺一新"相反，指在历史风貌建筑的修缮过程中，尽量使用原有的材质和工艺，不改变历史建筑的风貌，修缮和装饰装修后的效果要与建筑原状相一致。

1.2.4 安全适用原则

历史风貌建筑使用年久，受到建造年代的设计、施工等因素影响，均存在不同的问题，按照现代需求，对历史风貌建筑的使用功能进行提升时，前提是确保历史建筑安全。

第2章

历史风貌建筑的保护技术体系

历史风貌建筑保护工作是城市建设和管理中的一项新内容，其专业程度和技术难度远超传统的普通既有建筑管理。从多年来的保护工作实践来看，其发展过程遇过诸多技术难题，主要体现在以下四个方面：一是历史风貌建筑的各类数据、信息量极大，不仅仅是建筑本身的基础信息，还包括其丰富的历史人文资料，这就需要一个便捷高效的信息技术平台来整理、归纳各类资料，为监管和维修提供强有力的保障；二是历史风貌建筑监管虽然是行政管理，但仍然需要查勘、设计、修缮等专门的技术、标准来支撑和规范；三是历史风貌建筑修缮需要以传统工艺为核心的专有修缮技术体系来指导，而实际情况是传统工艺技术逐步被新技术所取代，掌握传统工艺技术的工程技术人员又在不断减少，从而导致传统工艺技术的逐渐流失；四是历史风貌建筑"修旧如故"的保护原则与现行的既有建筑技术规范存在一些差距。

2.1 技术体系（图 2-1）

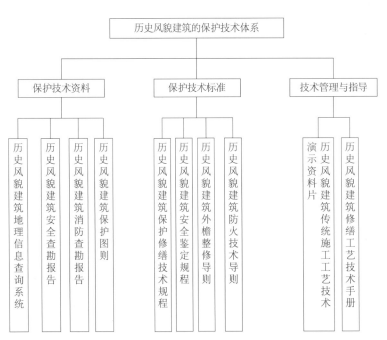

图 2-1 技术体系

2.2 技术资料

2.2.1 历史风貌建筑地理信息查询系统

历史风貌建筑保护工作具有信息量大、相互关联环节多、市区两级管理的特点，这就需要建立起信息全面、操作便捷的管理平台，为此，我们依靠"历史风貌建筑地理信

息系统"来实现。

系统数据涵盖全市历史风貌建筑的面积、产别、产权人、历史资料等基础数据，以及 1 : 500 地图、照片、标志牌、介绍牌、图则等资料，还包括整修记录、房屋查勘记录、修改记录等工作信息，达到市区两级管理部门的信息联动、标准统一、步调一致。实现了保护管理工作数据的信息化。

图 2-2　天津市历史风貌建筑地理信息查询系统

系统功能主要包括地图标定、查询、分类统计、输出等功能，具有信息量大、关联度高、实用性强、操作简便等特点（图 2-2）。

2.2.2　历史风貌建筑保护图则

2006 年开始，搜集整理建筑的历史人文、现状及历史图纸等信息，为历史风貌建筑编制"一楼一册"的保护图则，使每幢建筑都有"量身定做"的保护标准，为科学使用、合理修缮提供了直观而准确的技术要求，极大地提高了历史风貌建筑审批、监管工作的效率。通过向历史风貌建筑所有人、使用人提供保护图则，使其了解建筑的历史，充分认识建筑的价值。

按照"一楼一册"的标准，将每幢建筑的历史人文、现状及历史图纸等信息，集中编制成保护图则，为科学使用、合理修缮提供了直观而准确的技术要求。

《历史风貌建筑保护图则》主要包括以下几方面的内容：

（1）建筑概述，包括建筑的人文背景资料，建筑描述等。

（2）基础资料表，包括建筑名称、占地面积、建筑面积、建成年代、建筑特征、完损程度、设计人、产别、文物保护级别、历史风貌建筑保护级别、环境特征、使用情况等。

（3）建筑区位图、建筑位置图、总平面图。

（4）建筑现状照片，包括各立面照片及主要装饰部位照片。

（5）建筑各立面渲染图。

（6）建筑的历史资料，包括历史照片、历史图纸等。

（7）建筑的技术图纸，包括各层平面图、立面图、剖面图、重要装饰部位细部大样图等。

（8）保护要求，包括建筑整修一般规定、使用用途要求以及环境整治要求等。

《历史风貌建筑保护图则》（以下简称《图则》）具有重要的技术指导作用（图 2-3）。

第一，《图则》中翔实的建筑原始设计图、现状测绘图为修缮设计提供了基础的设计数据，在其指导下编制的设计方案做到了数据全面、翔实、准确；

第二，《图则》中的建筑原始设计图、历史照片为建筑的恢复原貌整修提供了可靠的依据；

第三，《图则》中建筑结构、建筑材料信息对于选择修缮工艺具有指导意义；

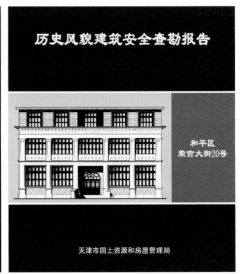

图 2-3　天津市历史风貌建筑保护图则

图 2-4　安全查勘报告范本

第四，丰富的历史人文资料对于建筑整修后挖掘和展示历史文化内涵起到了指导作用。

2.2.3　历史风貌建筑安全查勘报告

历史风貌建筑建造时间长、结构老化、均存在不同程度损坏，需要定期组织建筑的结构安全查勘。通过安全查勘，能够全面掌握历史风貌建筑的结构完损状况，及时排查危险隐患，为建筑加固维修及安全、合理使用提供技术依据。查勘应由专业的房屋安全鉴定机构进行，根据查勘结果对建筑的完损情况进行评测，编制查勘报告（图 2-4）。

2.2.4　历史风貌建筑消防查勘报告

2012 年，原天津市保护风貌建筑办公室与市公安消防局联合对全市历史风貌建筑进行了全面深入的消防安全查勘。向保护责任人发送了 1500 份《历史风貌建筑消防安全告知书》，强化了承租人和使用人的消防安全责任意识。通过查勘，建立历史风貌建筑消防安全档案（图 2-5）。

2.3　技术标准

2.3.1　历史风貌建筑保护修缮技术规程 [3]

2005 年 7 月 1 日施行的《天津市历史风貌建筑保护修缮技术规程》（以下简称《规

图 2-5 消防查
勘报告范本
图 2-6 技术规
程封面

程》）为历史风貌建筑保护修缮提供了专业技术标准；杜绝了历史风貌建筑整修工程的盲目性和随意性；提高了历史风貌建筑修缮技术水平；规范修缮工程施工程序；解决了以往维修工程只重房屋使用功能，忽视保护建筑历史风貌问题（图 2-6）。

《规程》共分为总则、术语、基本规定、技术管理、查勘安全鉴定、修缮设计、修缮施工、验收等八个部分。在基本规定中，针对历史风貌建筑不同的保护等级、范围，提出了不同的修缮要求。在技术管理部分，提出了管理职责、档案管理、技术资料管理的具体要求。在查勘安全鉴定部分，提出了对于房屋结构、内外檐装饰装修、屋面渗漏、设备等查勘和安全鉴定要求。在修缮设计部分，提出了考证、恢复历史原貌的要求。在结构设计中，针对不同的建筑部位、结构类型提出了具体的设计要点。在修缮施工部分，重点对砖墙掏碱剔碱、木梁的木夹板加固、混凝土结构的碳纤维加固、筒瓦屋面的修补翻修等许多传统的施工工艺、技术提出了具体要求。

《规程》实施后，为历史风貌建筑的设计、查勘、修缮施工提供了重要的技术支撑。

一是设计依据。整修设计都是依据《规程》来进行设计的，在设计中注重利用原设计图纸、老照片等资料恢复建筑历史原貌。

二是查勘依据。在多次组织的全市历史风貌建筑查勘工作，就是依据《规程》中查勘章节的内容要求组织实施的，其内容包括内外檐的装饰装修及门窗、台阶和屋面的材质、做法等各方面，做到了应查尽查。

三是施工依据。历史风貌建筑修缮工程都须按照《规程》施工，并在施工中注重传统工艺技术的利用。如在中式传统建筑墙体修缮中采用青灰条砌筑工艺、木作维修中采用油漆彩绘工艺，在近代建筑大筒瓦屋面修缮中采用大泥瓦瓦工艺等。

2018 年，在总结吸取《规程》实施 10 年来历史风貌建筑保护管理、修缮技术的实践经验与科研成果，广泛听取社会各界意见的基础上进行了修订，主要修订内容是：明确了历史风貌建筑保护等级和范围内容；调整了建筑设计图的相关内容，并增加了历史

ICS 91.080
P36

DB 12

天 津 市 地 方 标 准

DB12/T 571—2015

历史风貌建筑安全性鉴定规程

Specification for appraisal of security of historic architecture

2015-06-18 发布　　　　2015-07-01 实施

天津市市场和质量监督管理委员会　发布

图 2-7 鉴定规程封面

风貌建筑价值评估的内容；增加了建筑防潮层修复技术；规范了历史风貌建筑的施工修缮技术。

2.3.2　历史风貌建筑安全性鉴定规程 [4]

历史风貌建筑在加固、维修前需要进行结构可靠性鉴定，但由于历史风貌建筑的特殊性，现行的《民用建筑可靠性鉴定标准》及《建筑抗震鉴定标准》不适用于历史风貌建筑，行业内也缺乏该类建筑统一的技术规程。为解决上述问题，2015 年 7 月 1 日施行的《历史风貌建筑安全性鉴定规程》，为历史风貌建筑的安全使用及加固维修提供了技术支撑（图 2-7）。

《历史风貌建筑安全性鉴定规程》共分范围、规范性引用文件、术语与定义、基本原则、构件安全性鉴定评级、子单元安全性鉴定评级、鉴定单元安全性鉴定评级七个部分。在范围中明确适用范围为已确认的历史风貌建筑，根据实际提出不适用于历史风貌建筑的抗震鉴定。在术语和定义中，对安全性等级、鉴定单元、构件等进行具体解释与定义。在基本原则里确定了鉴定范围、内容及检测方法、鉴定程序等。还分别对构件、子单元安全性鉴定评级给出具体指标。在鉴定单元安全性评级提出具本规定。

2.3.3　历史风貌建筑防火技术导则 [5]

历史风貌建筑由于技术和年代等原因，在修建时所采用的消防安全措施与现行的消防安全要求已经出现了较大的差距，带来一系列的消防安全问题。由于历史风貌建筑保护要求和建筑主体和结构特点，历史风貌建筑在修缮时难以满足现行规范标准，历史风貌建筑的消防安全已经成为改善建筑整体状况、发掘建筑文化和艺术价值及使用价值的重要环节。如何最大限度地保护历史风貌建筑，在满足使用功能提升需要的同时，又达到规范规定的消防安全水平。在对天津历史风貌建筑的结构类型、建筑材料、保护要求、使用功能等方面进行总结的基础上，2017 年 8 月 1 日《天津市历史风貌建筑防火技术导则》正式实施（图 2-8）。

《天津市历史风貌建筑防火技术导则》共分 10 章，内容包括：总则，术语，基本规定，灭火救援设施，安全疏散，建筑构造与室内装修，消防给水排水，暖通、空调及防排烟，电气，施工与验收。总则中提出应根据历史风貌建筑的安全程序和保护等级，确定使用功能和安全措施。基本规定分级考虑历史风貌建筑防火技术要求。灭火救援设施不满足防火间距时应采取的措施。安全疏散中给出相应数据。建筑构造与室内装修中对历史风貌建筑与其他建筑贴邻时提出消防要求，同时强调裸露木构件涂刷防火涂料时，应以不改变构件的色彩质地和尺度为原则。在消防给水排水方面提出，厨房应采用自动灭火装置。在暖通、空调及防排烟中规定了排烟风机房的设置要求。在专用机房内，在电气方面指出，历史风貌建筑砖木结构较多，电气管线不仅要穿金属管敷设，还要采取相应的防火措施。施工与验收中提出，历史风貌建筑三个保护等级均应为禁火区域，应按一级动火审批申报。

2.3.4 历史风貌建筑外檐整修导则

《历史风貌建筑外檐整修导则》是在全面总结历年外檐整修工程经验的基础上编制的。将历史风貌建筑外檐整修分为查勘、清整、清洗、修复、保护等步骤，制定了有针对性的整修措施，包括整修内容、施工工艺和质量要求等（图 2-9）。

（1）历史风貌建筑外檐整修应保持或者恢复建筑的历史原貌，在最大限度保护建筑历史信息的前提下进行修复，做到"旧而不破、旧而不脏、旧而不乱"。

（2）历史风貌建筑外檐整修应做到原式样、原材质、原工艺。确实无法实现的，应做到对建筑的最小干预。

（3）历史风貌建筑外檐整修一般包括现场查勘、价值评估、方案设计、施工组织设计、工程施工、竣工验收等环节。

（4）历史风貌建筑外檐整修工程施工方法主要包括外檐清整、外檐清洗、外檐修复、外檐保护等。其中，外檐清整是对面层附着的设备、管线等进行清理、使之整齐有序；外檐清洗包括对保留基本完好的面层进行清洗，以及对面层的涂料或油漆进行清除；外檐修复是对破损严重的部位进行原貌修复；外檐保护是对清洗、修复后的面层通过涂刷

天津市历史风貌建筑防火技术
导　则

Fire protection technical standard for
Historical And Stylistic Architecture of Tianjin

2017-05-12 发布　　　2017-08-01 实施

天津市城乡建设委员会　发布

图 2-8 防火技术导则封面

图 2-9 历史风貌建筑外檐整修导则

保护剂等方式进行保护。这四项方法根据建筑的实际情况确定实施。

2.4 技术支持与指导

2.4.1 历史风貌建筑修缮工艺技术手册

历史风貌建筑保护的重要内容之一，就是保持建筑的真实性，突出建筑的历史价值。规范历史风貌建筑修缮工艺技术是保持真实性的重要手段。在当前既有建筑修缮中使用的技术、材料虽然非常广泛，但其中很多不宜用于历史风貌建筑，如外檐涂料，再如GRC制作的各种角线，窗套等装饰部件。

因此需要对现有的施工工艺和技术进行梳理，对传统工艺进行整理。在结构加固、消防、节能、环保等方面适当引入适合历史风貌建筑修缮的新技术、新工艺、新材料，从而使历史风貌建筑的修缮，既坚持了"修旧如故"原则，又满足了现代使用功能的需求。具体涵盖以下10个方面：

1. 地基基础

地基加固常用方法有钻孔压力灌浆、锚杆静压桩、高压喷射注浆法等。基础加固多采用扩大基础加设附壁柱增强墙身刚度的方法，其中后加设的附壁柱和墙身必须结合牢固，共同工作。

2. 砖石砌体

砖石砌体加固主要包括抹钢筋网水泥砂浆加固、砖墙裂缝压力灌浆补强、抹钢筋网水泥砂浆面层加固砖墙、砖墙掏砌或剔碱等。

3. 木结构

木梁加固根据木梁的结构、承载力情况以及损坏情况，采取木夹板加固、下撑式钢拉杆加固以及扁钢箍加固的方法；木屋架加固根据屋架各杆件的损坏情况，分别采用木夹板加固屋架端节点、木夹板串杆加固屋架端节点、钢拉杆加固木竖杆等方法；木楼梯加固常用明帮三角木楼梯及装帮木楼梯两种方法。

4. 钢结构

钢结构加固主要包括校正钢构件，结构构件位移、变形修复加固，焊接加固，加大构件截面加固等方式。

5. 混凝土结构

混凝土结构加固主要包括板下整体补强加固混凝土板；梁下加厚、加围套、角钢补强、"U"形钢箍加固混凝土梁；外包混凝土围套或型钢加固混凝土柱；压力灌浆修补裂缝；加设混凝土卧墙圈梁或钢拉杆；喷射水泥砂浆、建筑结构胶粘钢、粘贴碳纤维布等加固方法。

6. 装饰装修

清水墙面灰缝损坏的对其进行剔凿修补；墙面局部风化、碱蚀、剥皮的，抹与砖颜色一致的水泥砂浆，使之与原有墙面效果基本一致；墙面严重风化、碱蚀和酥松损坏的，进行剔碱或掏砌。

抹灰墙面损坏的，按照原材质、原式样进行补抹；灰浆花饰、灰质软雕装饰损坏的，按照原材质、原式样进行修补、更换。

木地板修补，采用与建筑原有地板树种、材质、规格、纹理相同或相近的木料，使用原有的拼接方式。

木装饰装修修补，应选用与原有木装饰装修树种、材质、规格、纹理相同或相近的木材进行配制、修补、装钉平整、严密、牢固，与原装饰装修风格、颜色、工艺特点一致。

7. 门窗

木门窗维修主要包括倾斜、松动门窗的扶正、加固，门窗框扇换料，缝隙修补等；钢门窗维修包括门窗的变形修复，损坏部分的修补等。

8. 屋面

主要包括卷材屋面的修补与翻做、瓦屋面修补与翻做等内容。其中瓦屋面分为平瓦屋面、青瓦屋面及筒瓦屋面，对于破损的瓦需按照保留瓦的式样、规格进行复制，并采用传统的施工工艺、技术进行维修。

9. 防水

对于局部的渗漏，可以根据渗漏点、部位和渗漏状况，采用快速凝胶浆或水泥胶浆堵漏、木楔堵漏等方式；对于大面积渗漏的，应全部铲除，做加强层的涂膜防水层，再做面层。

10. 水暖电设备

给水排水、暖气、电气修缮时，对有历史文化、艺术价值的设备，应予保护整修。需更换或增设时，应保持与原设备物件的材质样式相仿。

2.4.2 历史风貌建筑传统施工工艺技术演示资料片

保护历史风貌建筑必须遵循"修旧如故、安全适用"的原则，因此采用传统的施工技术和材料适时对历史风貌建筑进行维修保养，成了保护工作的重要内容。但是，随着社会的发展和技术的进步，当初建造历史风貌建筑的传统技术、工艺和材料，已逐渐被新技术、新工艺、新材料所取代，甚至濒于失传。为此，挖掘、整理、培训、推广历史风貌建筑传统建造修缮技术成为重要的保护措施。资料片在拍摄过程中，采用实际操作加动画合成的方式，除部分材料加工使用现代加工机具外，施工技术全部应用传统工艺，力求真实再现历史风貌建造施工技术，为历史风貌建筑的修缮工程提供了重要的维修技术样本（图 2-10）。

资料片主要内容包括：

1. 墙体砌筑及灰线制作工艺，包含 3 个示例，分别为半圆砖券（一）、（二），红砖平砖券及门窗套砌筑工艺。主要施工工艺包括砖券、门窗套、腰线、拔檐等砌筑及外檐灰线的制作、安装。

2. 室内灰线制作工艺，包含 1 个示例，为室内灰线制作工艺，主要施工工艺包括制

图 2-10 资料片
片头

作灰线骨架，灰线抹灰，齿饰、涡形花饰倒模制作及安装。

　　3. 科林斯柱头翻做施工工艺技术，包含 1 个示例，墙体砌筑及灰线制作工艺主体砌筑、抹灰，水刷石装饰花饰的倒模制作及安装。

　　4. 外檐饰面工程工艺技术，包含 9 个示例，分别为水刷石墙面；搜疙瘩墙面，弹涂墙面，雨淋板墙面，拉毛墙面，扒落石墙面，席纹墙面，河卵石墙面，刚性防水墙面。主要施工工艺包括底子灰、饰面抹灰等。

　　5. 屋面工程及楼地面工程，包含 5 个示例，分别为大筒瓦屋面，平瓦屋面，水磨石地面，剁斧石地面，实木地板。主要施工工艺包括基层处理、各种饰面制作、安装。

　　6. 中式四合院民居墙体及小青瓦屋面施工工艺，包含 1 个示例，主要施工工艺包括磨砖对缝、丝缝、拔檐、封山、博缝、平券、拱券砌筑及小青瓦屋面等部分。

　　对资料片感兴趣的读者可参考我们整理出版的《天津历史风貌建筑修缮工艺》(天津市历史风貌建筑保护中心编，中国建筑工业出版社，2021)。

第3章

历史风貌建筑查勘及安全鉴定技术

天津的历史风貌建筑既有中国传统风格的四合院、寺院，又有西洋古典、现代建筑，形成了独特的建筑文化和城市景观，是天津作为国家级历史文化名城的重要载体。近年来历史风貌建筑的保护工作有条不紊地开展，既要做好历史风貌建筑物的保护工作，又要做好建筑物使用情况的汇总和保护工作。

针对历史风貌建筑建造时间长、结构老化、存在不同程度损坏的实际情况，应定期开展市历史风貌建筑的查勘，并结合查勘适时进行安全鉴定。通过查勘与鉴定，全面掌握历史风貌建筑主体建筑结构状况，及时排查危险隐患，为今后的历史风貌建筑修缮及安全、合理使用提供技术依据。

3.1 历史风貌建筑损坏程度

3.1.1 轻微损坏

房屋主体结构基本完好，少量构件有轻微的损坏。主要表现为墙体局部碱蚀，个别混凝土构件保护层脱落等（图3-1、图3-2）。

3.1.2 一般损坏

房屋结构一般性损坏，部分构件有损坏或变形。主要表现为防潮层失效，墙体大面积碱蚀，混凝土构件老化开裂、混凝土局部脱落、钢筋锈蚀，木地板局部塌陷，木龙骨、木屋架局部糟朽等（图3-3、图3-4）。

3.1.3 损坏严重

房屋主体结构有明显变形或损坏，主要表现为墙体碱蚀、风化严重，墙体结构性开裂，木结构建筑的木柱糟朽严重，混凝土构件蜂窝现象严重、钢筋锈蚀严重，小肋空心砖楼板的空心砖脱落、钢筋锈蚀严重，木屋架、木龙骨糟朽严重，瓦屋面溜坡，外挑阳台下垂变形，外廊外倾失稳等多种现象（图3-5～图3-12）。

图3-1 墙体轻度碱蚀

图3-2 混凝土挑檐局部脱落

图 3-3　木地板磨损严重

图 3-4　墙体轻微碱蚀

图 3-5　小肋空心砖楼板破损

图 3-6　木屋架糟朽、断裂、垮塌

图 3-7　木柱根部严重糟朽

图 3-8　墙体严重碱蚀、风化

图 3-9　地下室木龙骨严重糟朽、下垂

图 3-10　地下室支撑木柱糟朽

图 3-11　砖券开裂

图 3-12　外檐墙体破损、松散

3.2 影响历史风貌建筑安全的主要因素

3.2.1 自然老化

历史风貌建筑建成均在 50 年以上，很多甚至超过百年。这些建筑经过多年使用，各部位自然老化严重，如外檐墙体草砖强度偏低，严重风化；油毡、木制防潮层自然老化，失去防潮效果；木构件防腐处理措施落后，端部糟朽。

3.2.2 维修保养缺失

维修责任人不专业、不重视，部分建筑由于屋面漏雨得不到及时维修，致使木屋架、土板严重糟朽；地下室防水失效、长期积水，导致首层楼板的木龙骨、木地板严重糟朽。

3.2.3 周边环境影响

在城市建设过程中，建筑室外地面不断提升，当高于建筑原有的防潮层标高时，即造成建筑的防潮层失效，墙体碱蚀；另外由于历史风貌建筑的基础普遍较浅，建筑周边的基建、市政工程建设开挖地面都会对建筑的地基产生扰动，造成建筑的损坏。

3.3 历史风貌建筑安全查勘

3.3.1 一般规定

1. 对历史风貌建筑进行初步调查，掌握建筑基本概况，主要包括建筑面积、建造年代、产权性质、结构形式、屋顶形式、主立面朝向等，并调查房屋的实际使用情况。

2. 每幢建筑作为一个查勘单元，进行现场检查、检测记录，针对历史风貌建筑特点分建筑专篇、结构专篇进行详细查勘。

（1）建筑专篇主要包括对风貌建筑风格、风貌特色建筑构件描述、建筑外檐及内装修破损描述。

（2）结构专篇主要包括对建筑物结构体系、结构布置等房屋查勘和结构破损参数采集为主进行统计。

3. 需要对破损变形构件情况进行确认时，应对抹灰、吊顶、装饰构件等进行剔凿或破坏以便进一步检查判断。

4. 用经纬仪对该建筑具备可视条件的建筑顶点进行倾斜观测，确定该建筑整体倾斜方向、倾斜量等。

5. 根据查勘工作结果，结合现场检测记录、图像资料和观测报告，参照《房屋完损等级评定标准》《历史风貌建筑安全鉴定规程》及国家、天津市现行相关规范标准、管理规定等，对建筑完损程度进行评定，给出完损等级，并出具安全查勘报告。

3.3.2　主要内容

3.3.2.1　主体建筑查勘

1. 基本情况

调查建筑年代、建筑面积、产权单位、使用单位、原使用情况、现使用情况、层数、露台、是否临街、历史风貌建筑编号、结构形式、屋顶形式、抗震措施、主立面朝向、平面位置图等信息。

2. 地基、基础、防潮层

（1）调查地基形式（混凝土、木桩、灰土、其他），并给出完损描述，判定是否存在因地基不均匀沉降造成房屋倾斜、沉降不均、墙体开裂，以及基础碱蚀、风化、歪闪、滚动等损坏情况。

（2）调查基础形式、室内外高差、基础材质（砖、石、混凝土、混合、其他）、内外墙厚度、埋深、强度（砂浆、混凝土）、完损描述，判定是否存在因基础变形造成上部结构开裂、变形等损坏情况。

（3）调查防潮层材质（混凝土、石材、沥青、其他），内外墙厚度，完损描述，判定是否存在因防潮层损坏造成上部结构碱蚀、风化、潮湿等损坏情况。

3. 外檐

（1）调查墙裙位置、高度、材料与装饰、损坏程序、拆改部分位，完损描述，是否存在开裂、碱蚀、风化等损坏情况。

（2）调查墙体位置、净高厚度，砌体材料、砌筑材料、砂浆强度、面层装饰形式、装饰材料，缺损及拆改情况，完损描述，是否存砌体的凸鼓、倾斜的，墙面碱蚀、裂缝、砖石等损坏情况。

调查抗震措施完善情况（梁、柱、拉杆设置位置、材质、截面等），完损描述，是否存在缺损等情况。

调查地下室防水做法（外防水、内部防水砂浆防水、内部混凝土套盒防水等），完损描述，是否存在漏水等情况。

（3）调查过梁位置、形式、跨度、拱券矢高、截面、材料及装饰，缺损及拆改等，完损描述，是否存在面层脱落、结构损坏等情况。

（4）调查门窗、门窗套层数、位置、开启形式、材质、颜色，缺损及拆改等，完损描述，是否存在缺失、封堵等情况。

（5）调查外廊柱（位置、形式、截面、材料、饰面材料,缺损拆改等）、梁（位置、形式、跨度、截面、材料、饰面材料，缺损拆改等）、板（位置、厚度、跨度、材料、饰面材料,缺损拆改等）、栏杆（位置、形式、高度、材料、饰面材料，缺损拆改等），完损描述，是否存在缺失、损坏等情况。

（6）调查阳台位置、形式、护栏高度、材料、饰面材料、板厚、混凝土强度、地面装饰，缺损拆改等，完损描述，是否存在结构性下垂、开裂，面层损坏等情况。

（7）调查挑檐位置、形式、材料、宽度、板厚度、顶棚处理、饰面材料，缺损拆改等，完损描述，是否存在破损、饰面脱落等情况。

（8）调查雨篷位置、形式、长及宽、板厚、材料、饰面材料，缺损拆改等，完损描述，是否存在结构性下垂、开裂，面层损坏等情况。

（9）调查露台位置、护栏形式、高度、材料、地面装饰，完损描述，是否存在结构性开裂，面层损坏等情况。

（10）调查外跨楼梯位置、材料、形式、宽度、踏步尺寸、扶手材料，完损描述，是否存在结构性开裂，面层损坏等情况。

（11）调查台阶、坡道位置、高度、踏步尺寸、蹬数、材料，缺损拆改等，完损描述，是否存在开裂、塌陷等情况。

（12）调查柱位置、高度、截面、间距、材料、混凝土强度、饰面材料，缺损拆改等，完损描述，是否存在开裂、倾斜等情况。

（13）调查梁位置、截面、跨度、材料、混凝土强度、饰面材料，缺损拆改等，完损描述，是否存在开裂、下垂等情况。

4. 内檐

（1）调查墙体位置、净高厚度，砌体材料、砌筑材料、砂浆强度，缺损及拆改情况，完损描述，是否存砌体的凸鼓、倾斜的，墙面碱蚀、裂缝，砖石等损坏情况。

调查墙面饰面材料、室内装饰线、壁炉、挂镜线、护墙板的位置、材质、形式，缺损及拆改情况，完损描述，是否存在脱落、起皮、掉漆等损坏情况。

抗震措施完善情况（梁、柱、拉杆设置位置、材质、截面等），完损描述，是否存在缺损等情况。

调查防水做法（内部防水砂浆防水、内部混凝土套盒防水等），完损描述，是否存在受潮碱蚀严重等情况。

（2）调查隔断位置、形式、材料、面层做法，缺损及拆改情况，完损描述，是否存在脱落、掉漆等损坏情况。

（3）调查柱位置、高度、截面、间距、材料、混凝土强度、饰面材料，缺损及拆改等，完损描述，是否存在面层脱落、结构损坏等情况。

（4）调查梁位置、形式、跨度、拱券矢高、截面、材料及装饰，缺损及拆改等，完损描述，是否存在面层脱落、结构损坏等情况。

（5）调查楼地面结构形式、共享空间、龙骨截面、龙骨间距、混凝土板厚、混凝土板跨度、混凝土强度等；调查面层饰面、材料，缺损及拆改等，完损描述，是否存在结构性损坏或面层脱落、糟朽等情况。

（6）调查内廊栏杆位置、形式、高度、材料、饰面材料，缺损及拆改等，完损描述，是否存在结构性损坏或面层脱落等情况。

（7）调查门窗过梁位置、形式、跨度、拱券矢高、截面、材料及装饰，缺损及拆改等，完损描述，是否存在面层脱落、结构损坏等情况。

（8）调查门窗、门窗套层数、位置、开启形式、材质、颜色，缺损及拆改等，完损描述，是否存在缺失、封堵等情况。

（9）调查顶棚位置、材料、装饰形式，缺损及拆改等，完损描述，是否存在面层脱落、结构性损坏等情况。

（10）调查楼梯位置、形式、宽度、梁截面、材料、扶手材料、饰面材料，混凝土强度，完损描述，是否存在面层磨损、结构损坏等情况。

5. 屋顶

（1）调查屋架位置、形式、材料、跨度、间距、上弦截面、下弦截面、腹杆截面，缺损拆改情况，完损描述，是否存在糟朽、结构损坏等情况。

（2）调查屋顶位置、形式、老虎窗、檩条截面、檩条间距、椽子间距、穹顶矢高、穹顶水平尺寸、望板厚度，完损描述，是否存在结构损坏、渗漏等情况。

（3）调查屋面位置、材料、防水做法、保温材料，缺损拆改情况，完损描述，是否存在防水层老化、漏雨等情况。

（4）调查塔楼、角亭位置、形式、梁（材料、截面、跨度）、柱（材料、截面、高度）、梁柱的饰面材料、顶部形式、顶部材料，缺损拆改情况，完损描述，是否存在结构性破损、面层脱落等情况。

3.3.2.2　结构主体查勘

1. 砌体结构构件情况

（1）墙、柱的连接及砌筑方式是否存在下列情况：

1）严重缺陷。

2）表面缺陷。

3）存在构件连接部位松动、开裂、变形或位移。

（2）建筑中的石柱在构造连接处是否出现下列情况：

1）柱头与上部木构架的连接，无可靠连接或连接已松脱损坏。

2）柱脚与柱础抵承状况，柱脚底面与柱础间实际承压面积与柱脚底面积之比 $PC<2/3$。

3）柱与柱础之间错位置与柱径（或柱截面）沿错位方向尺寸之比大于 1/6。

（3）承重构件出现受力裂缝：

1）受压墙、柱沿受力方向产生缝长超过层高 1/2 的竖向受力裂缝，且墙体裂缝宽度大于等于 2mm（柱大于等于 1mm）。

2）墙、柱因偏心受压产生水平裂缝，裂缝宽度大于 0.5mm。

3）支承梁或屋架端部的墙体或柱截面因局部受压产生多条竖向裂缝。

4）砖过梁中部产生明显的竖向裂缝，或端部产生明显的斜裂缝，或支承过梁的墙体产生水平裂缝，或产生明显的弯曲、下沉变形。

5）拱支座附近或支承的墙体上出现沿块材断裂的斜向裂缝。

6）墙、柱刚度不足，出现挠曲鼓闪，且在挠曲鼓闪部位出现水平或交叉裂缝。

（4）承重构件出现非受力裂缝：记录构件类别和裂缝宽度：

1）纵、横墙连接处出现通长的贯通竖向裂缝。

2）柱体出现断裂或错位。

3）柱已出现断裂、错位迹象。

4）其他显著影响结构整体性的裂缝。

（5）建筑中的石柱出现受力裂缝：

1）水平裂缝或斜裂缝以及检查长度超过300mm的纵向裂缝，有可见的细裂缝。

2）裂缝出现2条以上，且缝宽大于0.3mm。

（6）砌体的风化酥碱深度与墙厚（或沿风化方向柱宽）比值大于1/5、1/4。

2. 木结构构件情况

（1）连接（卯接）方式存在下列情况：

1）连接方式不得当。

2）构造存在缺陷。

3）存在连接松弛变形、滑移、沿剪切面开裂或其他损坏。

（2）变形破损存在下列情况：

1）存在挠度、侧向弯曲矢高的变形。

2）存在劈裂、腐朽或虫蛀等现象。

3）存在受潮等现象。

（3）木斗存在下列情况：

1）整攒斗栱明显变形或错位。

2）栱翘折断小斗脱落且每一枋下连续两处发生。

3）大斗明显压陷劈裂偏斜或移位。

4）整攒斗栱的木材发生腐朽虫蛀或老化变质并已影响斗栱受力。

5）柱头或转角处的斗栱有明显破坏迹象。

（4）木梁、柱间的连接及榫卯存在下列情况：

1）梁柱间的连系（包括柱、枋间和柱、檩间的连系），无拉结，且榫头拔出口卯口的长度超过榫头长度的2/5。

2）榫卯出现腐朽、虫蛀或已劈裂、断裂或横纹压缩变形超过4mm上述三种情况之一。

3. 混凝土结构构件情况

（1）构造连接存在下列情况：

1）构件连接方式不正确。

2）构造局部存在缺陷；工作存在异常。

3）构件存在严重缺陷。

4）存在导致焊缝或螺栓等发生明显变形、滑移、局部拉脱、剪坏或裂缝。

5）受力预埋件的构造不合理。

（2）构件存在弯曲变形现象。

（3）构件出现下列情况的受力裂缝时：

1）受压区混凝土有压坏迹象。

2）现浇板面周边产生裂缝，或板底产生交叉裂缝。

3）受压柱产生竖向裂缝，保护层剥落，主筋外露锈蚀。

4）一侧产生水平裂缝，另一侧混凝土被压碎，主筋外露锈蚀。

（4）混凝土结构构件出现下列情况的非受力裂缝时：

1）梁、板因主筋锈蚀，产生的沿主筋方向的裂缝，是否超过 0.25mm，构件混凝土严重缺损，或混凝土保护层严重脱落、露筋。

2）柱混凝土酥裂、碳化、起鼓，其破坏面大于全截面的 1/3，且主筋外露，锈蚀严重，截面减小。

4.钢结构构件情况

构件连接情况：

（1）构件连接方式不正确，构造存在不合理。

（2）连接方式不正确。

（3）构造连接部分存在严重缺陷。

（4）构造和连接存在裂缝或锐角切口。

（5）焊缝、螺栓或铆接有拉开、变形、滑移、松动、剪切等损坏。

3.3.3 历史风貌建筑安全查勘仪器设备

历史风貌建筑安全查勘仪器设备见表 3-1 所列。

仪器设备表

表 3-1

序号	名称	功能	备注	
1	主要设备	钢筋探测仪	检测钢筋、线管等磁性物质位置，支持立体成图	
2		钢筋扫描仪	检测钢筋间距、混凝土保护层厚度	
3		混凝土回弹仪	检测混凝土抗压强度	
4		裂缝测宽仪	检查裂缝宽度	
5		楼板测厚仪	检测楼板厚度	
6		贯入砂浆强度检测仪	检测砂浆强度	
7		砂浆强度仪（剪切法）	检测砂浆强度	
8		盒尺	测量梁柱尺寸	
1	辅助设备	测距仪	测量建筑高差、门窗洞口尺寸等	
2		剔凿工具	剔凿墙面为进一步检测强度、查勘房屋构造做准备	
3		检查用梯	检查梁、网架等结构	
4		照明工具	照明	
5		数码相机	记录查勘现场情况	
6		卡尺	钢筋直径测量	

3.3.4　历史风貌建筑安全查勘报告示例

查勘编号：JJ 鉴 2018022-080

天津市历史风貌建筑

安全查勘报告

建筑名称：张自忠旧宅
坐落地点：天津市和平区成都道 60 号
查勘类别：房屋安全勘查
查勘日期：2019.4.16
报告日期：2019.6.4
委托单位：

查勘单位：（盖章）

查勘报告说明

1. 本次查勘是为掌握历史风貌建筑完损情况，采用现场调查、检测的方式，对历史风貌建筑的主体建筑及结构的现状进行查勘，评定建筑的完损等级，形成安全查勘报告。

2. 完损等级为：完好房、基本完好房、一般损坏房、严重损坏房。

3. 本查勘报告不得作为房屋整修、加固、改造、改扩建等行为的设计技术依据。

4. 本查勘报告由查勘机构负责具体技术内容的解释。

5. 本查勘报告未盖查勘机构"报告专用章"无效。

6. 本查勘报告有效期壹年（有效期自报告日期开始累计一年）。

天津市历史风貌建筑安全查勘表

表一：基本概况

建筑名称	张自忠旧宅				
坐落地点	天津市和平区成都道 60 号				
建筑面积	2182m²	使用单位	/	建筑编号	0120033
建造年代	1926 年	地上层数	局部 3 层	结构形式	砖木
产权单位	天津市住房资金管理中心	地下层数	1 层	屋顶形式	坡屋顶、平顶
现使用功能	空置	露台	有	抗震措施	设钢拉杆
原使用功能	住宅	是否临街	是	主立面朝向	南

鉴定：　　　　　　　　　校对：　　　　　　　　　审核：

照片 1　主立面图

照片 2　后楼立面图

照片 3　历史风貌建筑铭牌

照片 4　历史风貌建筑介绍牌

天津市历史风貌建筑安全查勘表

表二：地基、基础、防潮层

建筑名称或地址			成都道60号				
地基	地基形式	混凝土桩	木桩	二八灰土	三七灰土	其他	
		/	/	/	/	/	
	完损描述	现场不具备开挖条件，故无法查勘。但未发现因地基变形导致上部主体结构出现破坏现象					
基础	基础形式		/	室内外高差（mm）		980	
	基础材质（照片编号）	砖砌	石砌	混凝土	混合	其他	
	墙体厚度 外檐	/	/	/	/	/	
	墙体厚度 内墙	/	/	/	/	/	
	埋深	/	/	/	/	/	
	砂浆强度	/	/	/	/	/	
	混凝土强度	/	/	/	/	/	
	完损描述	现场不具备开挖条件。故无法查勘，但未发现因基础变形导致上部主体结构出现破坏现象					
防潮层	材质（照片编号）	混凝土	石材	沥青	其他	/	/
	厚度 外檐	/	/	/	/	/	/
	厚度 内墙	/	/	/	/	/	/
	完损描述	经现场查勘，首层墙面未出现碱蚀，故防潮层基本有效					

天津市历史风貌建筑安全查勘表

表三：外檐一

建筑名称或地址		成都道 60 号					
墙裙	墙裙位置 （照片编号）	外檐					
	墙裙高度 （mm）	1127					
	材料与装饰 （照片编号）	水泥抹灰 照片 5					
	损坏程度 （照片编号）	照片 6、照片 7					
	拆改部位 （照片编号）	/					
	完损描述	查勘范围内，该建筑东侧和北侧墙裙存在破损情况					

照片 5　东侧入口旁墙裙（水泥抹灰）

照片 6　东北角处墙裙（破损）

照片 7　北侧墙裙（破损）

天津市历史风貌建筑安全查勘表

表四：外檐二

建筑名称或地址			成都道 60 号				
	层数		地下室	一层	二层	三层	
	位置		外檐	外檐	外檐	外檐	
	净高（mm）		2211	3808	3456	3149	
	厚度（mm）		390	390	390	390	
	砌体材料（照片编号）		硫缸砖 照片 8	硫缸砖 照片 8	硫缸砖 照片 9	硫缸砖 照片 9	
	砌筑材料		水泥砂浆	混合砂浆	混合砂浆	混合砂浆	
	砂浆强度		/	/	/	/	
	墙面装饰形式		抹灰	清水	混水	清水	
	墙面装饰材料（照片编号）		照片 8	照片 8	照片 9	照片 9	
	缺损（照片编号）		照片 8	照片 10	照片 11、照片 12	/	
	拆改（照片编号）		/	/	/	/	/
墙体	抗震措施	梁 位置（照片）	/	/	/	/	/
		梁 截面					
		梁 材料					
		柱 位置（照片）	/	/	/	/	/
		柱 截面					
		柱 材料					
		拉杆 位置	/				
		拉杆 截面	/				
		拉杆 材料	/				
	缺损（照片编号）		/	/	/	/	/
	地下室防水做法（照片编号）		/	/	/	/	/
	缺损（照片编号）		/	/	/	/	/
	拆改（照片编号）		/	/	/	/	/
完损描述			查勘范围内，地下室外檐墙体抹灰存在破损现象，一层外檐东北角墙面存在碱蚀，二层外檐窗边墙体存在竖向裂缝，二层外檐南侧面墙体顶部涂料脱落				

照片 8 地下室外檐墙体水泥抹灰、一层墙清水

照片 9 二层和三层外檐墙体（黏土砖、清水）

照片 10 一层外檐墙体（碱蚀）

照片 11 二层外檐墙体（窗边墙体竖向裂缝）

照片 12 二层外檐顶部墙体（涂料脱落）

天津市历史风貌建筑安全查勘表

表五：外檐三

		建筑名称或地址		成都道 60 号				
过梁		层数	地下室	首层	二层	三层	/	
		位置	外檐墙体	外檐墙体	外檐墙体	外檐墙体	/	
		过梁形式（照片编号）	/	平拱 照片 13、照片 14	平拱 照片 15、照片 16	平拱 照片 17	/	
		过梁跨度（mm）	/	1060/1518	1059/585	602/1057	/	
		拱券矢高	/	/	/	/	/	
		过梁截面	/	/	/	/	/	
		过梁材料 （照片编号）	/	砖	砖	砖	/	
		材料与装饰 （照片编号）	/	清水 照片 13、照片 14	清水 照片 15、照片 16	清水 照片 17	/	
		缺损 （照片编号）	/	/	/	/	/	
		拆改 （照片编号）	/	/	/	/	/	
		完损描述	查勘范围内，外檐过梁基本完好，未发现明显损伤					

照片 13　一层窗过梁（平拱、清水、砖）

照片 14　一层门过梁（平拱、清水、砖）

照片 15　二层门过梁（平拱、清水、砖）

照片 16　二层窗过梁（平拱、清水、砖）

照片 17　三层窗过梁（平拱、清水、砖）

天津市历史风貌建筑安全查勘表

表六：外檐四

建筑名称或地址			成都道 60 号				
门窗、门窗套	门窗	层数	地下室	一层	二层	三层	
		位置	外墙	外墙	外墙	外墙	
		门形式（照片编号）	/	对开 照片 19	/	/	
		门材料	/	木门	/	/	
		窗形式（照片编号）	/	平开 照片 18	平开 照片 20	平开 照片 21	
		窗材料	/	铁艺	铁艺	铁艺	
	门窗套	层数	/	一层	二层	三层	
		位置	/	外墙	外墙	外墙	
		装饰形式（照片编号）	/	/	/	/	
		材料	/	/	/	/	
	损坏部位 （照片编号）		/	表面漆失光 照片 18、 照片 19	表面漆失光 照片 20	表面漆失光 照片 21	
	拆改部位 （照片编号）		/	/	/	/	
	完损描述		所查勘范围内，外檐门窗表面漆失光，未发现其他明显损伤				

照片 18　一层窗子（平开、铁艺）

照片 19　一层门（对开、木）

照片 20　二层窗（平开、铁艺）

照片 21　三层窗（平开、铁艺）

天津市历史风貌建筑安全查勘表

表七：外檐五

		建筑名称或地址	成都道 60 号					
外廊	柱	位置（照片编号）	一层	二层				
		柱形式（照片编号）	方柱 照片 22	方柱 照片 23				
		柱高度（mm）	3808	3456				
		柱截面（mm）	350×380	350×380				
		柱材料	混凝土	混凝土				
		饰面材料	涂料	涂料				
		缺损（照片编号）	/	/				
		拆改（照片编号）	/	/				
	梁	位置（照片编号）	一层	二层				
		梁形式（照片编号）	矩形梁	矩形梁				
		梁跨度（mm）	2890	2890				
		梁截面	/	/				
		梁材料	混凝土	混凝土				
		饰面材料	涂料	涂料				
		缺损（照片编号）	/	/				
		拆改（照片编号）	/	/				
	板	位置	一层	二层				
		板厚度（mm）	/	/				
		板跨度（mm）	2890	2890				
		板材料	混凝土	混凝土				
		缺损（照片编号）	/	渗水				
		拆改（照片编号）	/	/				
	栏杆	位置	一层	二层				
		栏杆形式（照片编号）	镂空栏杆 照片 22	镂空栏杆 照片 23、照片 24				
		栏杆高度（mm）	978	978				
		栏杆材料	水泥＋铁	水泥＋铁				
		饰面材料	涂料	涂料				
		缺损（照片编号）	/	照片 25、照片 26				
		拆改（照片编号）	/	/				
		完损描述	所查勘范围内，外廊二层顶板涂料存在脱落，地面存在裂缝现象					

照片 22　一层外廊柱（方柱、镂空栏杆）

照片 23　二层外廊柱（方柱、镂空栏杆）

照片 24　外廊栏杆（镂空）

照片 25　二层外廊顶板（涂料层脱料）

照片 26　外廊地面（开裂）

天津市历史风貌建筑安全查勘表

表八：外檐六

建筑名称或地址		成都道 60 号						
阳台	位置 （照片编号）	二层						
	阳台形式 （照片编号）	开放式 照片 27						
	护栏高度 （mm）	970						
	护栏材料	水泥 + 铁						
	饰面材料	涂料						
	板厚度 （mm）	/						
	混凝土强度	/						
	阳台地面 （照片编号）	花砖 照片 28						
	缺损 （照片编号）	/						
	拆改 （照片编号）	/						
	完损描述	所查勘范围内，二层阳台基本完好，未发现明显损伤						

照片 27 二层阳台（外观）

照片 28 二层阳台（花砖地面、镂空栏杆）

天津市历史风貌建筑安全查勘表

表九：外檐七

建筑名称或地址		成都道 60 号				
挑檐	位置	三层				
	挑檐形式 （照片编号）	照片 29				
	挑檐材料	混凝土				
	挑檐宽度 （mm）	/				
	板厚度 （mm）	/				
	顶棚处理	/				
	饰面材料	涂料				
	缺损 （照片编号）	照片 29				
	拆改 （照片编号）	/				
	完损描述	所查勘范围内，三层挑檐个别位置混凝土保护层剥落，钢筋外露且已锈蚀				

照片 29　三层挑檐情况（混凝土、涂料、露筋）

天津市历史风貌建筑安全查勘表

表十：外檐八

建筑名称或地址		成都道 60 号					
雨篷	位置	无					
	雨篷形式（照片编号）						
	雨篷长、宽（mm）						
	雨篷板厚（mm）						
	雨篷材料						
	饰面材料						
	缺损（照片编号）						
	拆改（照片编号）						
	完损描述						

天津市历史风貌建筑安全查勘表

表十一：外檐九

建筑名称或地址		成都道 60 号					
屋顶露台	位置 （照片编号）	三层					
	护栏形式 （照片编号）	实体 照片 30					
	护栏高度（mm）	1082					
	护栏材料	砖砌					
	饰面材料	抹灰					
	露台地面 （照片编号）	防水卷材 照片 31					
	缺损 （照片编号）	/					
	拆改 （照片编号）	/					
	完损描述	所查勘范围内，露台基本完好，未发现明显损伤					

照片 30　露台情况（砖砌实体栏杆）

照片 31　露台地面情况（防水卷材）

天津市历史风貌建筑安全查勘表

表十二：外檐十

建筑名称或地址		成都道 60 号					
楼梯	位置 （照片编号）	无					
	楼梯材料						
	楼梯形式 （照片编号）						
	楼梯宽度 （mm）						
	踏步尺寸 （mm）						
	扶手材料						
	缺损 （照片编号）						
	拆改 （照片编号）						
	完损描述						

天津市历史风貌建筑安全查勘表

表十三：外檐十一

建筑名称或地址		成都道 60 号				
台阶、坡道	位置 （照片编号）	正门前	侧门前			
	坡道高度 （mm）	1050	1200			
	踏步尺寸、蹬数 （mm）	300×150、7	285×150、8			
	材料	照片 32	照片 33			
	缺损 （照片编号）	/	/			
	拆改 （照片编号）	/	/			
	完损描述	所查勘范围内，台阶基本完好，未发现明显损伤				

照片 32　正门前台阶情况

照片 33　侧门前台阶情况

天津市历史风貌建筑安全查勘表

表十四：外檐十二

建筑名称或地址		成都道 60 号					
柱	位置 （照片编号）	无					
	柱高度 （mm）						
	柱截面 （mm）						
	柱间距 （mm）						
	柱材料						
	混凝土强度						
	饰面材料						
	缺损 （照片编号）	—	—	—	—	—	—
	拆改 （照片编号）	—	—	—	—	—	—
	完损描述						

天津市历史风貌建筑安全查勘表

表十五：外檐十三

建筑名称或地址		成都道 60 号					
梁	位置	无					
	梁截面（mm）						
	梁跨度（mm）						
	梁材料						
	混凝土强度						
	饰面材料						
	缺损（照片编号）						
	拆改（照片编号）						
	完损描述						

天津市历史风貌建筑安全查勘表

表十六：内檐一

			建筑名称或地址		成都道 60 号				
墙体			层数	地下室	一层	二层	三层		
			位置	内檐	内檐	内檐	内檐		
			净高（mm）	2211	3808	3456	3149		
			厚度（mm）	320	320	320	320		
			砌体材料（照片编号）	黏土砖	黏土砖	黏土砖	黏土砖		
			砌筑材料	水泥砂浆	混合砂浆	混合砂浆	混合砂浆		
			砂浆强度	/	/	/	/		
			缺损（照片编号）	/	照片 36、照片 37				
			拆改（照片编号）	/	/	/	/		
	墙面装饰		层数	地下室	一层	二层	三层		
			位置	内檐	内檐	内檐	内檐		
			饰面材料（照片编号）	墙面砖 照片 34	抹灰 + 墙纸 照片 36、照片 37	墙纸 照片 38	墙纸 照片 39		
			层数	/	一层	二层	三层		
			位置	/	内檐	内檐	内檐		
			室内装饰线（照片编号）	/	石膏线 照片 35	石膏线	石膏线		
			层数	/	/	/	/		
			位置	/	/	/	/		
			壁炉（照片编号）	/	/	/	/		
			层数	/	/	/	/		
			位置	/	/	/	/		
			挂镜线（照片编号）	/	/	/	/		
		护墙板	层数	/	/	/	/		
			位置	/	/	/	/		
			形式（照片编号）	/	/	/	/		
			高度（mm）	/	/	/	/		
			材料	/	/	/	/		
	抗震措施		层数	/	/	/	/		
			位置	/	/	/	/		
			形式（照片编号）	/	/	/	/		
			防水做法	/	/	/	/		
			缺损（照片编号）	/	/	/	/		
			拆改（照片编号）	/	/	/	/		
			完损描述	查勘范围内，一层内檐墙体存在渗水和抹灰脱落、墙纸破损现象					

照片 34　地下室墙面（瓷砖墙面）

照片 35　一层墙面（石膏线）

照片 36　一层墙面（墙纸破损）

照片 37　一层墙面（渗水、抹灰脱落）

照片 38　二层墙面（墙纸）

照片 39　三层墙体（墙纸）

天津市历史风貌建筑安全查勘表

表十七：内檐二

建筑名称或地址		成都道 60 号					
隔断	位置	无					
	隔断形式 （照片编号）						
	隔断材料						
	面层做法						
	缺损 （照片编号）						
	拆改 （照片编号）						
	完损描述						

天津市历史风貌建筑安全查勘表

表十八：内檐三

建筑名称或地址		成都道 60 号					
柱	层数	无					
	位置						
	柱高度（mm）						
	柱截面（mm）						
	柱间距（mm）						
	柱材料						
	混凝土强度						
	饰面材料						
	缺损 （照片编号）						
	拆改 （照片编号）						
	完损描述						

天津市历史风貌建筑安全查勘表

表十九：内檐四

建筑名称或地址		成都道 60 号				
梁	层数	无				
	位置					
	梁截面（mm）					
	梁跨度（mm）					
	梁间距（mm）					
	梁材料					
	混凝土强度					
	饰面材料					
	缺损（照片编号）					
	拆改（照片编号）					
	完损描述					

天津市历史风貌建筑安全查勘表

表二十：内檐五

建筑名称或地址			成都道 60 号				
楼地面	结构	层数	地下室	一层	二层	三层	
		结构形式（照片编号）	/	/	木结构	木结构	
		共享空间（照片编号）	/	/	/	/	
		龙骨截面	/	/	/	/	
		龙骨间距	/	/	/	/	
		混凝土板厚度	/	/	/	/	
		混凝土板跨度	/	/	/	/	
		混凝土强度	/	/	/	/	
	面层	层数	地下室	一层	二层	三层	
		地面材料（照片编号）	方砖照片 40	方砖照片 41	木地板照片 42	木地板照片 43	
	缺损（照片编号）		/	/	/	/	
	拆改（照片编号）		/	/	/	/	
	完损描述		查勘范围内，楼地面基本完好，未发现明显损伤				

照片 40 地下室地面（方砖）

照片 41 一层地面（方砖）

照片 42 二层地面（木楼板）

照片 43 三层地面（木楼板）

天津市历史风貌建筑安全查勘表

表二十一：内檐六

建筑名称或地址		成都道 60 号					
内廊栏杆	层数	无					
	位置						
	栏杆形式 （照片编号）						
	栏杆高度 （mm）						
	栏杆材料						
	饰面材料						
	拆改 （照片编号）						
	完损描述						

天津市历史风貌建筑安全查勘表

表二十二：内檐七

建筑名称或地址		成都道 60 号					
	层数	一层	二层	三层			
	位置	内檐	内檐	内檐			
	过梁形式（照片编号）	平拱 照片 44	平拱 照片 45	平拱 照片 46			
	过梁跨度（mm）	1025	1120	842			
过梁	拱券矢高	/	/	/			
	过梁截面	/	/	/			
	过梁材料	砖	砖	砖			
	饰面材料	涂料	涂料	涂料			
	缺损（照片编号）	/	/	/			
	拆改（照片编号）	/	/	/			
	完损描述	查勘范围内，内檐过梁基本完好，未发现明显破损现象					

照片 44 一层门过梁（平拱）

照片 45 二层门过梁（平拱）

照片 46 三层门过梁（平拱）

天津市历史风貌建筑安全查勘表

表二十三：内檐八

建筑名称或地址			成都道 60 号				
门窗、门窗套	门窗	层数	一层	二层	三层		
		位置	内檐	内檐	内檐		
		门形式（照片编号）	平开 照片 47	平开 照片 48	平开 照片 49		
		门材料	木	木	木		
		窗形式（照片编号）	/	/	/		
		窗材料	/	/	/		
	门窗套	层数	一层	二层	三层		
		位置	内檐	内檐	内檐		
		装饰形式（照片编号）	木套口	木套口	木套口		
		材料	木	木	木		
		缺损（照片编号）	表面漆轻微剥落	表面漆轻微剥落	表面漆轻微剥落		
		拆改（照片编号）	/	/	/		
		完损描述	查勘范围内，一层至三层内檐木门表面漆轻微剥落				

照片 47　一层木门（平开、木门套）

照片 48　二层木门（平开、木门套）

照片 49　三层木门（平开、木门套）

天津市历史风貌建筑安全查勘表

表二十四：内檐九

建筑名称或地址		成都道 60 号					
顶棚	位置	地下室	一层	二层	三层		
	材料	木	木	木	木		
	装饰 （照片编号）	石膏 照片 50	石膏 照片 51	石膏 照片 52	石膏 照片 53		
	缺损 （照片编号）	/	石膏板开裂 照片 51	/	石膏板破损 照片 53		
	拆改 （照片编号）	/	/	/	/		
	完损描述	查勘范围内，一层顶棚石膏板存在裂缝，三层顶棚吊顶存在破损现象					

照片 50 地下室顶棚（吊顶）

照片 51 一层顶棚（石膏板开裂）

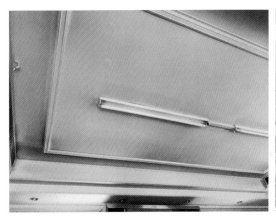

照片 52 二层顶棚（吊顶）

照片 53 三层顶棚（石膏板破损）

天津市历史风貌建筑安全查勘表

表二十五：内檐十

建筑名称或地址		成都道 60 号					
楼梯	位置	地下室	一层	二层	三层		
	楼梯形式 （照片编号）	双跑 照片 54	双跑 照片 55	双跑	双跑		
	楼梯宽度 （mm）	1043	1200	1200	1200		
	梁截面	/	/	/	/		
	楼梯材料	/	木	木	木		
	扶手材料	/	木	木	木		
	面层材料	/	木	木	木		
	混凝土强度	/	/	/	/		
	缺损 （照片编号）	/	/	/	/		
	拆改 （照片编号）	/	/	/	/		
	完损描述	查勘范围内，楼梯基本完好					

照片 54　地下室楼梯情况（水泥）

照片 55　楼梯情况（木栏杆）

天津市历史风貌建筑安全查勘表

表二十六：屋顶一

建筑名称或地址		成都道 60 号					
屋架	位置	/					
	屋架形式（照片编号）						
	屋架材料						
	屋架跨度						
	屋架间距						
	上弦截面						
	下弦截面						
	腹杆截面						
	缺损（照片编号）						
	拆改（照片编号）						
	完损描述	查勘范围内条件有限，无法对其进行详细查勘					

天津市历史风貌建筑安全查勘表

表二十七：屋顶二

建筑名称或地址		成都道 60 号					
屋顶	位置（照片编号）	二层	三层				
	屋顶形式（照片编号）	平屋顶	平屋顶				
	老虎窗（照片编号）	无	无				
	檩条截面	/	/				
	檩条间距	/	/				
	椽子截面	/	/				
	椽子间距	/	/				
	穹顶矢高	/	/				
	穹顶水平尺寸	/	/				
	望板厚度	/	/				
	缺损（照片编号）	/	/				
	拆改（照片编号）	/	/				
	完损描述	查勘范围内条件有限，无法对其进行详细查勘					

天津市历史风貌建筑安全查勘表

表二十八：屋顶三

建筑名称或地址		成都道 60 号				
屋面	位置	二层	三层			
	屋面材料（照片编号）	/	/			
	防水做法	/	/			
	保温层材料	/	/			
	缺损（照片编号）	/	/			
	拆改（照片编号）	/	/			
	完损描述	查勘范围内条件有限，无法对其进行详细查勘				

天津市历史风貌建筑安全查勘表

表二十九：屋顶四

建筑名称或地址		成都道 60 号				
塔楼 角亭	位置（照片编号）	无				
	形式（照片编号）					
	梁材料					
	梁截面					
	梁跨度					
	柱材料					
	柱截面					
	柱高度					
	梁柱饰面材料					
	顶部形式（照片编号）					
	顶部材料					
	缺损（照片编号）					
	拆改（照片编号）					
	完损描述					

历史风貌建筑保护技术

天津市历史风貌建筑安全查勘表

表三十：砌体结构构件情况

建筑物名称或地址	成都道 60 号	
	构件情况	位置及描述
构造	墙、柱的连接及砌筑方式： □存在表面缺陷　□严重缺陷 □已存在构件连接部位松动、开裂、变形或位移	无
连接	建筑中的石柱在构造连接处出现： □柱头与上部木构架的连接，无可靠连接或连接已松脱损坏 □柱脚与柱础抵承状况，柱脚底面与柱础间实际承压面积与柱脚底面积之比 $PC<2/3$ □柱与柱础之间错位置与柱径（或柱截面）沿错位方向尺寸之比大于 1/6	无
裂缝	承重构件出现受力裂缝： □受压墙、柱沿受力方向产生缝长超过层高 1/2 的竖向受力裂缝，且墙体裂缝宽度大于等于 2mm（柱大于等于 1mm） □墙、柱因偏心受压产生水平裂缝，裂缝宽度大于 0.5mm □支承梁或屋架端部的墙体或柱截面因局部受压产生多条竖向裂缝 □砖过梁中部产生明显的竖向裂缝，或端部产生明显的斜裂缝，或支承过梁的墙体产生水平裂缝，或产生明显的弯曲、下沉变形 □拱支座附近或支承的墙体上出现沿块材断裂的斜向裂缝 □墙、柱刚度不足，出现挠曲鼓闪，且在挠曲鼓闪部位出现水平或交叉裂缝	无
	承重构件出现非受力裂缝：记录构件类别和裂缝宽度 □纵、横墙连接处出现通长的贯通竖向裂缝 □柱体出现断裂或错位 □柱已出现断裂、错位迹象 ☑其他显著影响结构整体性的裂缝	二层外檐窗边墙体存在竖向裂缝
	建筑中的石柱出现受力裂缝： □水平裂缝或斜裂缝以及检查长度超过 300mm 的纵向裂缝，有可见的细裂缝；出现不止一条且缝宽大于 0.3mm	无
风化	□砌体的风化酥碱深度与墙厚（或沿风化方向柱宽）比值大于 1/5、1/4	无
备注	一层墙体存在碱蚀情况	

天津市历史风貌建筑安全查勘表

表三十一：木结构构件情况

建筑物名称或地址	成都道 60 号	
	构件情况	位置及描述
构造连接	连接（卯接）方式： □连接方式不得当 □构造存在缺陷 □存在连接松弛变形、滑移、沿剪切面开裂或其他损坏	无
变形破损	□存在挠度、侧向弯曲矢高的变形	无
	□存在劈裂、腐朽或虫蛀等现象	无
	□存在受潮等现象	无
特征部位	木斗存在： □整攒斗栱明显变形或错位 □栱翘折断小斗脱落且每一枋下连续两处发生 □大斗明显压陷劈裂偏斜或移位 □整攒斗栱的木材发生腐朽虫蛀或老化变质并已影响斗栱受力 □柱头或转角处的斗栱有明显破坏迹象	无
	木梁、柱间的连接及榫卯存在 □梁柱间的连系（包括柱、枋间和柱、檩间的连系），无拉结，且榫头拔出口卯口的长度超过榫头长度的 2/5 □榫卯出现腐朽、虫蛀或已劈裂、断裂或横纹压缩变形超过 4mm，上述三种情况之一	无
备注		

天津市历史风貌建筑安全查勘表

表三十二：混凝土结构构件情况

建筑物名称或地址	成都道 60 号	
	构件情况	位置及描述
构造连接	□构件连接方式不正确 □构造局部存在缺陷□工作存在异常 □构件存在严重缺陷 □存在导致焊缝或螺栓等发生明显变形、滑移、局部拉脱、剪坏或裂缝	无
	□受力预埋件的构造不合理	无
变形	□存在弯曲变形现象	无
裂缝	混凝土结构构件出现下列情况的受力裂缝时： □受压区混凝土有压坏迹象 □现浇板面周边产生裂缝，或板底产生交叉裂缝 □受压柱产生竖向裂缝，保护层剥落，主筋外露锈蚀 □一侧产生水平裂缝，另一侧混凝土被压碎，主筋外露锈蚀	无
	混凝土结构构件出现下列情况的非受力裂缝时： ☑梁、板因主筋锈蚀，产生的沿主筋方向的裂缝，是否超过 0.25mm，构件混凝土严重缺损，或混凝土保护层严重脱落、露筋 □柱混凝土酥裂、碳化、起鼓，其破坏面大于全截面的1/3，且主筋外露，锈蚀严重，截面减小	三层挑檐个别位置存在混凝土保护层剥落，钢筋外露且钢筋已锈蚀
备注		

天津市历史风貌建筑安全查勘表

表三十三：钢结构构件情况

建筑物名称或地址	成都道 60 号	
	构件情况	位置及描述
构造连接	□构件连接方式不正确 □构造存在不合理	无
	□连接方式不正确	无
	□构造连接部分存在严重缺陷	无
	□构造和连接存在裂缝或锐角切口	无
	□焊缝、螺栓或铆接有拉开、变形、滑移、松动、剪切等损坏	无
备注		

天津市历史风貌建筑安全查勘表

表三十四：建筑现状情况汇总

建筑物名称或地址	成都道 60 号
地下室： 地下室外檐墙体抹灰存在破损现象。（照片 8） 一层： 1. 该建筑东侧和北侧墙裙存在破损情况。（照片 6、照片 7） 2. 一层外檐东北角墙面存在碱蚀。（照片 10） 3. 一层外檐门窗表面漆失光。（照片 18、照片 19） 4. 一层内檐墙体存在渗水和抹灰脱落、墙纸破损现象。（照片 36、照片 37） 5. 一层内檐木门表面漆轻微剥落。（照片 47） 6. 一层顶棚石膏板存在裂缝。（照片 51） 二层： 1. 二层外檐窗边墙体存在竖向裂缝，二层外檐南侧面墙体顶部涂料脱落。（照片 11、照片 12） 2. 外廊二层顶板涂料存在脱落，地面存在裂缝现象。（照片 25、照片 26） 3. 二层外檐窗表面漆失光。（照片 20） 4. 二层内檐木门表面漆轻微剥落。（照片 48） 三层： 1. 三层外檐窗表面漆失光。（照片 21） 2. 三层内檐木门表面漆轻微剥落。（照片 49） 3. 三层顶棚吊顶存在破损现象。（照片 53） 4. 三层挑檐位置存在混凝土保护层剥落，钢筋外露且钢筋已锈蚀。（照片 29）	

天津市历史风貌建筑安全查勘表

表三十五：完损等级评定

建筑名称或地址	成都道 60 号

1 结构部分

1）地基基础

经现场查勘，上部结构未出现的与地基基础有关的变形及损伤，依据《房屋完损等级评定标准》3.2.1.1 条有关规定，地基基础完损程度评定为基本完好。

2）承重构件

经现场查勘，一层外檐东北角墙面存在碱蚀，二层外檐窗边墙体存在竖向裂缝，三层挑檐位置存在混凝土保护层剥落，钢筋外露且钢筋已锈蚀。依据《房屋完损等级评定标准》3.3.1.2 条有关规定，承重构件完损程度评定为一般损坏。

3）屋面

经现场查勘，屋面基本完好，排水基本畅通，依据《房屋完损等级评定标准》3.2.1.4 条有关规定，屋面完损程度评定为基本完好。

4）楼地面

经现场查勘，二层地面存在裂缝现象，依据《房屋完损等级评定标准》有关规定 3.2.1.5，楼地面完损程度评定为基本完好。

2 装修部分

1）门窗

经现场查勘，部分内檐木门及外檐窗存在表面漆剥落、失光，依据《房屋完损等级评定标准》3.3.2.1 有关规定，门窗完损程度评定为一般损坏。

2）外抹灰

经现场查勘，墙裙存在破损情况，二层外檐南侧面墙体顶部涂料脱落，依据《房屋完损等级评定标准》3.3.2.2 有关规定，外抹灰完损程度评定为一般损坏。

3）内抹灰

经现场查勘，一层内檐墙体存在渗水和抹灰脱落、墙纸破损现象，依据《房屋完损等级评定标准》3.2.2.3 有关规定，内抹灰完损程度评定为基本完好。

4）顶棚

经现场查勘，一层顶棚石膏板存在裂缝，外廊二层顶板涂料存在脱落，三层顶棚吊顶存在破损现象。依据《房屋完损等级评定标准》3.3.2.4 条有关规定，顶棚完损程度评定为一般损坏。

3 整体评定

综上所述，依据《房屋完损等级评定标准》第 4.1.3 条之规定，该建筑查勘范围内现状属于一般损坏。

3.4　历史风貌建筑安全性鉴定

3.4.1　安全性鉴定的基本原则

1. 周边场地环境改变的。

2. 改变用途或使用条件的。

3. 使用中发现安全问题需加固或改造的。

4. 装饰装修前。

5. 定期进行安全性鉴定的。

6. 其他需要安全性鉴定的情况。

3.4.2　鉴定内容及检测方法

1. 鉴定内容：

1）查勘房屋现状并调查房屋历史使用情况，包括历次加固、修缮、装修改造等基本情况和历史风貌建筑的具体保护要求。

2）具备条件时尚应查找原始设计图纸及历次改造设计图纸。

3）调查房屋的实际使用情况和周边邻近地下工程施工情况。

4）填写历史风貌建筑现场查勘记录表。

5）现场查勘检测包括现场查勘和现场检测两项内容，现场查勘检测内容应符合《民用建筑可靠性鉴定标准》GB 50292 的规定。现场查勘应避免损害历史风貌建筑。

2. 对于在不同时期建造的结构构件，应采用与之相适应的不同检测方法。

优先采用无损或微破损方法进行，也可根据现场检测、实验室材性实验或相关资料确定。需采用破损检测应由鉴定检测人员现场确认检测位置，检测后应及时采取技术措施补强修复。

3.4.3　鉴定分级

历史风貌建筑房屋安全性鉴定分为一级鉴定和二级鉴定：

1. 在下列情况下，可仅进行一级房屋安全性鉴定。

1）周边邻近地质条件改变的历史风貌建筑。

2）历史风貌建筑装饰装修改造前。

3）历史风貌建筑使用中发现安全问题。

4）正在使用中且需要继续使用的历史风貌建筑应定期（每十年）进行安全鉴定。

5）改变用途或使用条件且不涉及增加荷载的历史风貌建筑。

2.在下列情况下，应进行二级房屋安全性鉴定。

1）因房屋使用功能发生改变导致构件所受荷载发生增量变化。

2）因历史使用原因，房屋虽未发生使用功能改变，但出现大面积结构构件拆改现象，导致房屋受力体系发生改变且需进行结构体系加固或恢复时。

3）房屋构件存在较多结构破损，导致子单元评级低于 B 级且需进行结构体系整体加固时。

4）需进行结构体系抗震加固时。

5）因构件存在损伤或其他原因初步判定构件承载力不满足要求时。

6）当需要验算构件的变形时。

3.4.4　下列情况的房屋应进行安全性鉴定

1.周边邻近地质条件改变的历史风貌建筑房屋。

2.改变用途或使用条件的历史风貌建筑房屋。

3.需加固和改造的历史风貌建筑房屋。

4.历史风貌建筑装饰装修改造前。

5.历史风貌建筑使用中发现安全问题。

6.正在使用中且需要继续使用的历史风貌建筑应定期（每十年）进行安全性鉴定。

7.其他需要安全鉴定的历史风貌建筑。

3.4.5 房屋安全鉴定报告示例——天津市重庆道 55 号房屋安全鉴定报告

房屋安全鉴定报告

鉴定地点：天津市重庆道 55 号

鉴定类别：结构安全鉴定

鉴定时间：2010 年 5 月 7 日～14 日

一、鉴定内容

受委托,天津市房屋安全鉴定检测中心对位于天津市和平区重庆道55号(原庆王府)进行结构安全鉴定。

二、鉴定依据

《民用建筑可靠性鉴定标准》GB 50292-1999

《建筑抗震设计规范》GB 50011—2001

《建筑地基基础设计规范》GB 50007-2002

《木结构设计规范》GB 50005—2003

《砌体结构设计规范》GB 50003-2001

《混凝土结构设计规范》GB 50010-2002

委托方提供的《各层建筑现状平面图》、现场实际勘察和实物检测数据及相关现行规范、标准等。

三、检测仪器

钢筋扫描仪: PROCEQ 5S/ CANLOG

激光测距仪: DIST0Lite

常用检测仪器及检测工具。

四、建筑物概况

天津市和平区重庆道55号,原为清朝太监小德张(张祥斋)在旧英租界剑桥道兴建的私人宅邸,后为清朝庆亲王载振于1925年迁居天津时购得,俗称天津"庆王府"。院内为中西合璧式建筑群,其中主楼位于院中央,采用砖木结构,局部三层平屋顶,设有地下室。主楼北侧设有二层附属用房。院内占地约4385m²,建筑面积约5921.56m²主楼建筑平面为矩形,南北朝向。建筑内部平面布局呈"回"字形,自室外至室内依次划分为外回廊区域;使用房间区域;中部大厅区域。室内中部大厅为共享空间中空到顶,面积为350m²的长方形大厅,大罩棚式厅顶,木结构四坡屋架铁皮屋面。一层、二层房间沿大厅周围周边式设置,二层大厅四周设有列柱式回廊。东、西、南北四面的开间,均为"明三暗五"对称排列。一楼除大厅、客厅之外,多为住房。二楼房间多作为附属用房。局部三层房间,是载振购房后增建的,专作为祭祀、供奉先祖的影堂。建筑内部通过东侧、西侧、北侧三面的中间穿堂过厅,相互连通,造成大楼内外空间巧妙结合。二层屋面为平屋顶油毡屋面。主楼北侧正中门为主入口,铺设青条石"宝塔式"高台阶,室内外高差为2.50m。地下室高度2.50m;外廊、使用房间区域一层高度4.50m,二层高度4.45m;局部三层层高3.60m;中部大厅高度为11.50m。一层、二层设有列柱式外回廊,采用中、西结合柱式,黄、绿、紫三种色彩的六棱柱琉璃栏杆。东侧、西侧及南侧一层回廊均设有次要出口。主楼北侧建有附属用房,为二层混合结构。建筑平面呈矩形,平面尺寸为70.81m×5.0m(长×宽),建筑北侧墙体与院落围墙形成一体,对应主楼入口位置设有过街楼作为院落入口。过街楼东、西两侧设有楼梯。原建筑为单层，后期接建为二层。首层层高 2.80m，二层层高 2.90m。屋面为平屋顶油毡屋面。

五、查勘结果

（一）主楼

1. 墙体及支撑系统：

（1）墙体：地下室墙体内、外厚度均为 360mm，采用青砖海河土砌筑。查勘地下室入口墙体存在局部掏碱现象，采用黏土砖缓和砂浆砌筑，但仍普遍存在墙体碱蚀现象，碱蚀高度为通高。部分内纵墙阴角存在竖向开裂，裂缝宽度 0.70 ～ 1.1mm。

首层、二层墙体内外墙厚度均为 360mm，采用青砖白灰海河土砌筑。首层檐墙窗下槛墙为单砖砌筑内嵌散热器，墙体普遍存在竖向开裂现象。北侧檐墙个别窗口上方存在斜向裂缝。首层南侧室内楼梯间横墙存在水平构造裂缝，查勘该墙体原为木制板条墙，后期自室内地坪至 1.70m 处改砌黏土空心砖，其上部至二层楼板标高处仍为木制板条墙，该墙体不同材质交界处存在水平构造裂缝。二层檐墙部分窗口下方槛墙存在竖向开裂现象。局部三层墙体厚度均为 240mm，中部采用青砖白灰海河土砌筑，东、西两侧采用黏土砖混合砂浆砌筑。该建筑后期在阳角及北侧、南侧窗间墙位置设置钢筋混凝土构造柱，墙体与构造柱间未设咬茬等构造处理，墙体与构造柱交接处均存在竖向通长构造裂缝。部分构造柱纵筋存在严重锈蚀、混凝土保护层脱落现象建筑外檐西北角、东北角设有板条隔墙，存在水平构造裂缝。

（2）支撑系统：一层、二层外回廊区域采用砖砌列柱，未发现明显砌体开裂、位移变形等破损现象。建筑中部大厅区域地下室沿南北向设四排砖柱，每排 4 根砖柱，青砖海河土砌筑。砖柱截面均为 500mm×500mm，部分砖柱存在碱蚀现象，一层、二层中部大厅区域仅沿内廊每侧设置 4 根砖柱，柱截面为直径 400mm 的圆形柱。地下室及一层二层均未发现明显砌体开裂、位移变形等破损现象。中部大厅屋面四周（对应大厅砖柱）设有钢筋混凝土柱，柱高 1600mm，纵筋 4 根，箍筋间距 600 ～ 700mm。

2. 层间结构

（1）地下室楼板：查勘外回廊区域为钢筋混凝土现浇板，楼板厚度 13.5mm，扫描探测板内受力钢筋间距 140mm，混凝土保护层厚度 39mm。该区域板底普遍存在沿跨度方向的通长裂缝，裂缝宽度 0.6 ～ 0.8mm。房间区域为木结构楼板，龙骨截面尺寸为 55mm×500mm，间距 350mm。未发现明显糟朽、劈裂现象。中部大厅区域为钢筋混凝土现浇梁、板结构，东、西向设有主次梁。主梁截面尺寸为 300mm×240mm；次梁截面尺寸为 180mm×240mm，次梁间距为 1500mm。钢筋扫描探测梁箍筋间距 300 ～ 400mm。混凝土楼板钢筋扫描探测受力钢筋间距 210mm，混凝土保护层厚度 20 ～ 30mm。未发现混凝土梁、板存在明显钢筋锈蚀、开裂现象。检测地下室外廊区域混凝土抗压强度为 23.9MPa、22.3MPa

（2）一、二层楼（屋面）板：查勘外回廊区域为钢筋混凝土现浇梁、板结构，楼（屋面）板厚度均为 13.5mm，混凝土板底普遍存在沿宽度方向通长裂缝，局部板底钢筋锈蚀、混凝土脱落。混凝土连梁普遍存在混凝土保护层脱落、钢筋锈蚀现象。钢筋扫描探测梁箍筋间距 350mm。房间区域为木结构楼（屋面）板，首层龙骨截面 70mm×290mm，间距 300mm；二层龙骨截面 60mm×300mm，间距 360mm。局部土板存在明显糟朽现象。二层内廊采用钢筋混凝土梁、板结构，钢筋扫描梁箍筋间距 300～350mm，保护层厚度 34mm。二层屋面原为上人屋面，营造做法为：铺设方缸砖－油毡－细石混凝土找平层 70mm 二层结构层。检测一层外廊区域混凝土抗压强度为 20.2MPa、21.6MPa；二层外廊区域混凝土抗压强度为 26.3Pa、24.9MPa。

（3）中厅屋架：采用锥形木屋架，上弦杆截面尺寸为 290mm×150mm；南北向下弦杆截面尺寸为 400mm×200mm，间距 3700mm；东西向弦杆截面尺寸为 120mm×160mm，间距 3700mm。屋架中央设有立柱，高度 3300mm。脊尖四周弦杆均采用钢筋箍加固并于立柱锚固。南北向下弦杆两侧 520mm 处各设有 2 根钢筋锚杆。上弦杆与下弦杆节点部位设有钢筋箍锚固。查勘部分木制构件存在明显劈裂现象。

3. 其他：东、西侧及南侧楼梯采用钢筋混凝土结构，梯梁箍筋间距 300～400mm，多处梁支座处或跨中存在斜向裂缝。部分休息平台柱存在竖向裂缝。室内南北侧楼梯踏面存在明显磨损。面层塌陷现象。未发现楼梯龙骨存在劈裂、糟朽现象。

（二）北侧附属用房

1. 墙体：建筑室内横墙间距 7500mm，首层原有建筑为青砖海河土砌筑，二层为后期接建采用黏土砖混和砂浆砌筑，北侧围墙一侧为单砖斗砌与建筑围墙贴建。二层建筑角部设有混凝土构造柱，墙体与构造柱交接处外檐存在明显竖向构造裂缝。检测首层砌筑黏结材料无强度，二层砂浆抗压强度为 5.47MPa。

2. 层间结构：首层楼板采用钢筋混凝土现浇板，南侧外廊走道设有挑梁。钢筋扫描板底受力钢筋间距 270mm，混凝土保护层厚度 35～50mm。挑梁箍筋间距 250mm。二层屋面板采用密肋空心砖结构，未发现明显钢筋锈蚀、开裂等破损现象。

六、鉴定结果

（一）构件鉴定

1. 砌体构件：部分砌体结构构件存在开裂、碱蚀等破损现象。原有建筑砌体构件砂浆普遍粉化、无强度，依据《民用建筑可靠性鉴定标准》GB 50292—1999 第 4.4.5 条、4.4.6 条之规定，评定砌体构件为 d_u 级。

2. 混凝土构件：主楼外廊区域多处构件存在混凝土保护层剥落钢筋锈蚀严重现象，依据《民用建筑可靠性鉴定标准》GB 50292 4.2.5 条评定混凝土构件为 d_u 级。

3. 木结构构件：部分承重木构件存在糟朽、劈裂现象。依据《民用建筑可靠性鉴定标准》GB 50292 第 4.5.4 条、4.5.6 条规定评定为 c_u 级。

（二）子单元鉴定

1. 地基基础：建筑基础墙体存在碱蚀现象。依据《民用建筑可靠性鉴定标准》GB 50292 第 6.2.4 条之规定评定地基基础为 C_u 级。

2. 上部承重结构：主楼及北侧附属楼建筑缺少有效抗震构造措施，原有结构体系使用中亦存在不同程度破损。砌体构件评定为 d_u 级，混凝土构件评定为 d_u 级，木构件评定为 C_u 级。其中砌筑砂浆强度等级已不能满足国家现行《建筑抗震设计规范》的相关要求。依据《民用建筑可靠性鉴定标准》第 6.3.1 条规定，该建筑上部承重结构评定安全性等级为 D_u 级。

七、综合评定

该建筑依据地基基础、上部承重结构的评定等级，结合建筑物使用现状综合评定等级为 D_su 级。

八、鉴定结论

依据《民用建筑可靠性鉴定标准》GB 50292—1999 及国家现行规范中有关规定，考虑地基基础、上部承重结构现状及建筑物历史综合分析，在进行必要的加固、修复并完善抗震构造措施后，该建筑尚可继续使用。

九、处理建议

结合该建筑现状及综合分析，建议作如下处理：

1. 建议结合城市规划及使用功能要求，按照"修旧如故"原则，进行全面修缮。
2. 该建筑加固、补强及修缮工程应委托具有相应资质的单位设计和施工。
3. 该建筑修缮工程必须经相关部门同意后，方可予以实施。

天津市房屋安全鉴定检测中心　2010 年 6 月

第 4 章

历史风貌建筑外立面与内饰修缮技术

历史风貌建筑整修应保持或者恢复建筑的历史原貌，在最大限度保护建筑历史信息的前提下进行修复，做到"旧而不破、旧而不脏、旧而不乱"。历史风貌建筑整修应做到原式样、原材质、原工艺。确实无法实现的，应做到对建筑的最小干预。

4.1 价值评估

历史风貌建筑整修前，应结合查勘进行系统的价值评估，以确定保护部位和历史信息，制定整修方案。

历史风貌建筑价值评估主要包括历史和社会价值、艺术价值、科学价值等内容。

1. 历史和社会价值

能够体现建筑名称、地址（门牌）、所有者、建筑师（事务所）、营造商的历史信息，包括铭牌、铁艺、楹联、牌匾、奠基石、界桩等（图 4-1～图 4-3）。

与历史事件相关的标记物，包括洪灾水位标志、枪炮弹痕、标语、印记等。

2. 艺术价值（图 4-4～图 4-6）

体现建筑艺术风格特征的材料、式样、色彩等。

外立面的建筑材料、色彩等。

图 4-1　独乐寺匾额

图 4-2　原英国公学老铭牌

图 4-3　范孙楼奠基石

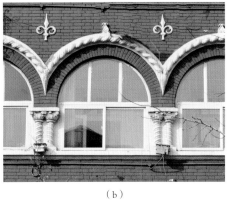

（a） （b）

图 4-4　安乐邨

（a）外观；（b）装饰灰线

（a） （b）

图 4-5　南开中学

（a）外观；（b）红青砖组砌墙体

（a） （b）

图 4-6　原中法工商银行

（a）外观；（b）科林斯柱头

图 4-7 纳森旧宅雨落斗、雨水管　　**图 4-8** 张勋旧宅阳台铁艺栏杆

门窗的式样、材质、色彩等。

建筑的外立面装饰，如古建筑的油漆彩画，以及檐口、墙面、门窗、栏杆等部位的装饰图案、材质、色彩。

其他反映历史信息的建筑附属物，如檐沟、雨落斗、雨水管、铁艺栏杆、门窗五金件、百叶、消火栓、灯具、旗杆、拴马桩等（图 4-7、图 4-8）。

3. 科学价值

建筑的结构特点，能够反映当年先进技术的结构形式、材料，如大跨度、大悬挑结构形式及钢筋混凝土材料等（图 4-9 ～图 4-12）。

建筑的营造特点，如各种屋面做法、墙体砌筑方法、墙体面层做法等工艺技术。

图 4-9 渤海大楼　　　　　　　　　　**图 4-10** 天津劝业场

图 4-11　原英国乡谊俱乐部　　　　　　　　　图 4-12　原英国乡谊俱乐部 - 游泳池屋架

4.2　历史风貌建筑外立面修缮技术

历史风貌建筑外立面整修工程施工方法主要包括外立面清洗、外立面修复、外立面保护等。其中，外立面清洗包括对保留基本完好的面层进行清洗，以及对面层的涂料或油漆进行清除；外立面修复是对破损严重的部位进行原貌修复；外立面保护是对清洗、修复后的面层通过涂刷保护剂或油漆的方式进行保护。以上三种方法需根据建筑的实际完损程度，确定具体的实施方法。

4.2.1　外立面清洗

4.2.1.1　一般规定

历史风貌建筑的外立面基本完好，但附着尘土、污损的应进行面层清洗；清水砖墙、水刷石、河卵石、石材等墙面覆盖涂料的，应清除涂料，恢复建筑外立面面层原有机理；木材、金属面层油漆老化、龟裂的，应清除老油皮。外立面清洗不应对原面层造成损坏。

4.2.1.2　墙面清洗方法

1. 水清洗法

采用水枪或人工直接清洗施工，包括低压喷淋、高压喷水、刷洗等方法（图 4-13、图 4-14）。水清洗法的优点是环保性好，缺点是清洁力度小。该方法主要适用于各类墙面灰尘污染及轻度污垢的清洗（图 4-15、图 4-16）。

2. 化学清洗法

通过涂滚和喷涂等方式，将化学清洗剂涂刷在外立面墙面，使其渗透进墙面的微孔隙，在微孔隙中与污垢发生物理或化学反应，通过吸出或稀释等步骤清除污垢。化学清洗法对于清洗外立面墙面的深层污迹有较好的效果。通常的清洗法主要包括以下三种：

（1）敷贴法清洗（图 4-17）。将清洗剂用纤维、粉末或胶体等润湿贴敷在外立面墙面，用塑料薄膜覆盖保湿，使其依次进行渗透、反应、溶剂挥发、抽取脏物。该方

图 4-13 人工清洗

图 4-14 高压水枪冲洗

图 4-15 水清洗前

图 4-16 局部水清洗后

图 4-17 敷贴法清洗

图 4-18 脱涂料清洗施工

法不仅用药量少，作用时间长，同时还便于垂直面的作业。主要适用于席纹、水刷石、河卵石及石材等墙面的深层渗透性污物的清洗。

（2）脱涂料清洗（图 4-18）。在外立面墙面涂刷涂料乳化剂，稀释墙面涂料使其分解，然后刷洗、冲洗。该方法对外立面墙面损伤较小。主要适用于清水砖墙面、水刷石墙面、石材墙面、席纹墙面等面层涂料的清洗。

（3）其他专用清洗剂清洗（图 4-19、图 4-20）。采用专用清洗剂对油漆、锈斑及其他严重污物进行清洗。该方法专业性较强，造价较高，适用于局部清洗。

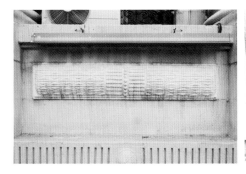

图 4-19　水刷石墙面覆盖涂料清除前

图 4-20　水刷石墙面局部清除涂料后

图 4-21　清水墙面打磨掉涂料

图 4-22　石材装饰人工凿除涂料

木门原油漆面层

局部脱漆剂清洗后

图 4-23　脱漆剂清洗

3.机械清洗法

运用机器设备,配置相应形状的金刚砂磨头、旋转的磨盘等,或者用刷子、砂纸、刀具、凿子等简易工具,依靠外力的作用将外立面表面污物去掉。机械清洗法的好处是可以直接去除污物,不会在外立面表面或内部留下任何残留物,也不会对外立面的化学组成产生影响,该方法对于黑色结垢和石灰质结垢非常有效。机械清洗容易对外立面墙体表面造成损害,因此要求外立面原面层保存较好,质地比较坚硬,而且需要专业人员操作。主要适用于板材厚度较大,线脚花饰较少的石材、清水砖墙面的清洗(图 4-21、图 4-22)。

4.2.1.3　木材、金属面层油漆清除

1.脱漆剂清洗

在油漆面层涂刷脱漆剂,待油漆面层膨胀起泡,用铲刀或挠子刮掉油皮,一般需重复 2 ~ 3 遍,直至油皮全部脱掉,然后用清水洗刷干净。该方法须反复多次,用时较长,但操作简便,并可用于各种复杂形状面层油漆的清除(图 4-23)。

图4-24 烤铲
油皮前
图4-25 烤铲
油皮施工

图4-26 原首
善堂

2. 烤铲油皮

用喷灯喷烤油漆面层，待面层焦煳鼓泡后，立即用挠子刮去焦鼓的油皮，随烤随挠，协调进行。该方法操作周期短，但要精确控制喷烤的距离及时间，工艺要求较高，而且只适用于表面光滑且面积较大油漆面层的清除（图4-24、图4-25）。

4.2.1.4 外立面清洗示例——原首善堂外立面整修项目

1. 历史沿革

原首善堂位于承德道21号，为重点保护等级历史风貌建筑，天津市区、县文物保护单位（图4-26）。

该建筑建于1919年。首善堂是法国巴黎天主教圣味增爵会在中国北方设立的管理教会财产的机构，以经营房地产业为主，也是当时天津一大财团。该机构在天津拥有大量房地产，以所收房租及经营所得利润支持天津、北京、保定、正定四个教区及北京神

图 4-27 原首善堂历史图纸

图 4-28 不同时期粉刷涂料后的外立面照片

学院所需经费。

2. 建筑概况

该建筑为混合结构二层楼房，设有半地下室。建筑设计为对称布局，入口位于建筑中部。外立面为青砖红砖相间的清水墙面，坡屋顶。砖砌拱券窗过梁、窗下砖砌花饰及砖砌的扶壁柱、转角处罗汉腿壁柱等，体现了当时天津砖砌工艺的成熟，也使建筑更加大气厚重（图 4-27）。该建筑历经 90 多年的使用，不同的使用人对建筑进行了多次改造，尤其是多次外立面粉刷，使建筑的历史原貌荡然无存（图 4-28）。

3. 外立面整修情况

2009 年，在市容综合整治工作中，原天津市保护风貌建筑办公室对该建筑的外立面进行了全面整修。

整修前，在深入细致现场查勘的基础上，管理部门组织有关专家、设计、施工人员就整修方案进行了反复研究，在通过查勘、设计、专家现场指导及论证等环节后，对建筑外立面墙体进行了全面修缮，并恢复了历史原貌。一是对缺损的部位按原貌采用同规格、同材质的材料进行掏砌，并按原工艺、原材料对砖缝进行修补；二是通过清洗、打磨等方式对墙面涂料层进行清理（图 4-29），恢复清水砖墙的饰面效果（图 4-30、图 4-31）。

图 4-29 墙面涂料打磨

图 4-30 原首善堂外墙局部清洗前

图 4-31 原首善堂外墙局部清洗后

图 4-32 原首善堂外立面整修后

4.外立面整修特点

（1）延续建筑使用寿命

通过外墙的掏砌、修补，加固了墙体，延长了建筑的使用寿命。

（2）恢复建筑历史原貌

外墙墙面的涂料清除后，恢复了建筑外墙原有的色彩和材质肌理，使建筑具有自然沉稳的外观韵味，其表达出的厚重与典雅是现代涂料所无法效仿和媲美的。通过清除外墙面层涂料恢复建筑历史原貌的做法，将在今后的建筑整修中起到积极的示范效应（图4-32）。

4.2.2　外立面修复

4.2.2.1　一般规定

历史风貌建筑外立面局部破损严重的，整修过程中应进行修补、复原，确保建筑外立面整体效果的完整性。

4.2.2.2　屋面

1. 坡屋面

（1）屋面结构构件损坏部位，应按原材质、原尺寸维修或更换（图4-33、图4-34）。

（2）屋面防水及排水系统损坏部位，应按原材质、原尺寸、原工艺维修或更换。外露木构件、铁构件应做防腐处理及油漆粉刷（图4-35、图4-36）。

（3）同一屋面，瓦形应统一。如利用旧瓦，应确保同一坡面上瓦的规格、色泽一致（图4-37、图4-38）。

图 4-33　屋面板缺损

图 4-34　屋面板更换施工

图 4-35　整修前，屋面破损、檐沟糟朽变形

图 4-36　屋面、檐沟维修后

图 4-37　大筒瓦屋面破损

图 4-38　大筒瓦屋面修复施工

（4）屋面附属构件损坏部位，应按原材质、原式样修复（图4-39～图4-44）。

2. 平屋面

（1）屋面防水及排水系统损坏部位，应按原材质、原式样修复或更换。

（2）女儿墙损坏部位，应按原材质、原工艺、原式样修复。

（3）屋面附属构件损坏部位，应按原材质、原式样修复。

4.2.2.3　外墙面

1. 清水砖墙面、柱面（包括硫缸砖、青砖、红砖饰面）

（1）墙面轻度破损、表面风化深度小于5mm的，剔除风化部位并打磨平整；墙面破损深度为5～20mm的，应采用同色砖粉修补（图4-45）。

图4-39 檐口装饰与修复
（a）檐口装饰破损；
（b）檐口装饰修复后

（a）　　　　　　　　　　　　　　　　（b）

图4-40 按原材质、原式样重新制作的檐口装饰
图4-41 老虎窗破损

图4-42 老虎窗修复后
图4-43 屋面修复前照片

图 4-44　屋面修复后

图 4-45　砖粉修补施工

图 4-46　清水墙面局部掏砌施工

图 4-47　清水墙面破损严重

（2）墙面严重缺损或风化深度大于 20mm 的，应用相同模数、色彩的老砖，采用掏砌、剔砌、挖补等方法修补（图 4-46、图 4-47）。

（3）灰缝损坏部位，剔除后按原材料和嵌缝形式修补（图 4-48）。

2. 混水墙面、柱面（包括水泥抹面、拉毛、席纹、河卵石、水刷石等饰面，如图 4-49 ～图 4-52 所示）

（1）面层开裂，宽度在 0.3mm 以下，无空鼓现象的，可进行嵌缝处理。

（2）面层酥松、空鼓、剥落的，应剔至基层，做好界面处理，按原材料、原工艺重做。

（3）局部修补的结合部位，应平整、紧密，接缝宜设在墙面的阴角、线脚凹口处。

3. 饰面类墙面（包括石材、面砖等饰面，如图 4-53、图 4-54 所示）

（1）墙面缺角、孔洞等轻度损坏的，应剔至基层，做好界面处理，宜用石粉、砖粉或相应材料修补。

（2）墙面严重损坏的，宜采用原材料或相近材料挖补或嵌补。

（3）灰缝损坏部位，剔除后按原材料和嵌缝形式修补。

（4）局部修补的结合部位，应表面平整、色泽协调。

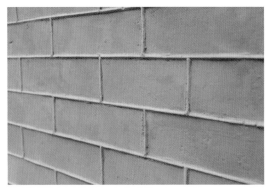

图 4-48 灰缝修补后

图 4-49 席纹墙面修复施工

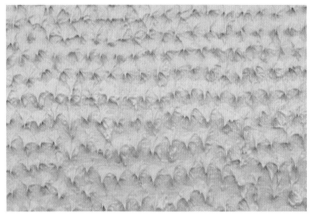

图 4-50 拉毛墙面修复后

图 4-51 河卵石墙面修复后

水刷石墙面修复部分

水刷石墙面修复后

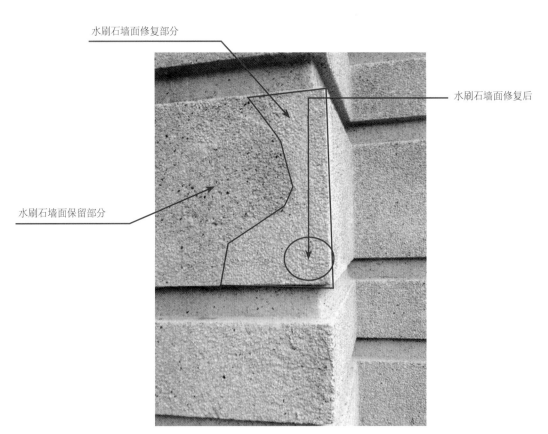

水刷石墙面保留部分

图 4-52 水刷石
墙面修复

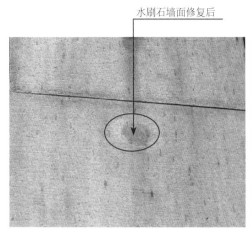
水刷石墙面修复后

面砖墙面修补部分

图 4-53 石材墙
面孔洞修补
图 4-54 面砖墙
面修补

4. 装饰线等

（1）线角、窗套

1）砖、石类修补。按原式样、原材质修复。

2）抹灰类修补。按原式样、原材质、原工艺修复。

3）局部修补的结合部位，应接槎平顺，并与墙体连接可靠。

（2）花饰（图 4-55 ～ 图 4-64）

1）钢、木质或砖、石类花饰修补。按原式样、原材质修复、添配。

2）镶嵌和堆抹类花饰修补。可按照原花饰直接进行堆抹复制，或按原形花饰进行拓模复制。

3）局部修补的结合部位，应接槎平顺，并与墙体连接可靠。

4.2.2.4　外立面木门窗

1. 木门窗（图 4-65、图 4-66）

（1）帮条补洞。将木料局部损坏部位剔除，选用相同材质的木料进行替换，结合部位接槎平整，连接可靠。

（2）换框、扇。将破损门窗框、扇换下，按原式样、原材质重作、安装。

2. 铁艺栏杆

（1）栏杆或花饰变形的，应先拆下，矫正调平，再安装复位。

（2）栏杆或花饰严重锈蚀、缺损的，应将损坏部位锯掉，用相同材质、相同规格的材料拼接焊牢。

4.2.2.5　院墙门楼

1. 墙体拆砌

1）墙体倾斜、开裂等严重损坏的，可拆除重新砌筑（图 4-67、图 4-68）。

2）清水围墙重砌的，应按原式样、原材质恢复，新砌砖墙与原墙的组砌方法一致。

3）混水围墙重砌的，可用新砖替代旧料，与原墙垛分档一致，并按原面层做法恢复（图 4-69）。

2. 围墙花饰

围墙花饰的修复参照外墙面中装饰线的修复方法（图 4-70 ～ 图 4-73）。

图 4-55 原砖雕

图 4-56 按原材质、原材质

图 4-57 砖雕重新砌筑施工

图 4-58 砖雕女儿墙重新砌筑后

图 4-59 原花饰

图 4-60 花饰堆灰

图 4-61 制作花饰阴模

图 4-62 阴模填灰

图 4-63 翻模成型

图 4-64 花饰阳模成型

图 4-65 糟朽、破损门窗框换料

图 4-66 木窗换扇维修

图 4-67　墙体开裂、水刷石面层破损

图 4-68　墙垛拆砌

图 4-69　水刷石面层施工

图 4-70　原国民饭店门楼历史照片

图 4-71　顶部装饰构件缺失

图 4-72　修复施工

图 4-73　修复后照片

图4-74 原大清邮政津局历史照片

图4-75 原大清邮政津局角楼局部放大照片

图4-76 地震后大清邮政津局角楼、女儿墙损毁照片

4.2.2.6 外立面修复案例（一）——原大清邮政津局保护整修项目[6]

1. 历史沿革

大清邮政津局旧址位于和平区解放北路103-111号，特殊保护等级历史风貌建筑，天津市文物保护单位。该建筑为法租界较早的建筑之一，大清邮政津局成立之初曾在此办公。1878年，经总理各国事务衙门批准，由海关总税务司英国人赫德试办海关邮政。3月23日，天津海关书信馆成立并对外收寄华洋公众邮件。8月，天津首先发行并使用了我国第一套邮票——大龙邮票。1880年海关书信馆改为海关邮局，1884年，租用该建筑办公。1897年，天津海关书信馆改为大清邮政津局。

2. 建筑概况

该建筑青砖饰面，并配有精美砖雕，入口处为砖砌拱券门套，外窗为砖砌半圆弧窗套，具有典型的古典主义建筑风格（图4-74、图4-75）。

该建筑历经百余年，各部位均存在不同程度的破损。承重墙体开裂、变形，部分墙体松散；外立面门窗损坏严重；内檐门、窗存在损坏、改动现象，五金件残缺不全；内檐墙、顶棚面层多已空鼓并存在大面积脱落现象；木龙骨糟朽、损坏；木地板变形、塌陷严重，木楼梯踏板磨损、松动；地下室防水失效、存有大量积水；给水排水及电力系统已严重破损。

该建筑外立面经多次修补，原貌改动较大。1976年地震后，角楼及女儿墙局部倒塌，后期角楼经简易修建，破损的女儿墙被拆除，改变了原有历史风貌（图4-76）。

3. 保护利用情况

2008年，采用财政投资与企业自筹资金相结合的方式，对该建筑进行了全面整修并作为邮政博物馆对外开放。

（1）建筑整修

在通过查勘、设计、专家论证及方案审批等环节后，对建筑进行了全面的整修。主

图 4-77　砖雕女儿墙砌筑照片

图 4-78　邮政博物馆照片

图 4-79　整修后大清邮政局津局照片

要包括通过钢筋网水泥砂浆抹灰、拆砌等方式加固墙体；通过内设混凝土构造柱、圈梁、完善抗震构造措施；通过压力灌胶封护、扁钢箍及个别构件拆换，对木结构进行加固。参照历史资料，在对建筑进行价值评估的基础上，采用与原有墙体材料相同的青砖、砖雕及青灰条的砌筑方法，恢复了角楼及女儿墙（图 4-77）。对门窗、水、暖、电、空调等进行全面升级、改造。

（2）再利用

改造后的大清邮政津局作为天津邮政博物馆对外开放，博物馆按照古代邮驿时期、近代邮政创办时期、大清邮政时期、中华邮政时期、人民邮政时期 5 个阶段展示、介绍了中国邮政的历史变迁，突显了邮政行业独特的文化魅力，开馆以来共计接待游客 12 万人次（图 4-78、图 4-79）。

4. 保护利用效果

大清邮政津局保护利用项目主要取得了以下显著的效果：

（1）延续建筑历史

该建筑作为邮政博物馆对外开放，是对建筑的合理利用，更是对建筑原有使用功能的延续。

（2）复原建筑原貌

整修工程未对建筑的风貌和结构特征造成较大扰动，采用原材料、原工艺恢复了建筑的历史原貌，达到了"修旧如故"的效果。对承重结构进行全面加固补强处理后，满足该建筑后期使用年限内结构安全性、耐久性要求。

图4-80　历史照片

图4-81　历史图纸

图4-82　整修前照片

4.2.2.7　外立面修复案例（二）——原东方汇理银行保护整修项目

1. 历史沿革

原东方汇理银行位于和平区解放北路77-79号，重点保护等级历史风貌建筑，天津市区、县文物保护单位。

该建筑1912年建成，比商义品公司设计。东方汇理银行创办于1875年，总行设于法国巴黎。20世纪初先后在我国上海、天津、北京、汉口、广州等地建立分行。天津分行1907年开业，主要经营进、出口押汇及买卖外汇。1913年曾代表法国参与五国银行团，与北洋政府签订了"善后大借款"。太平洋战争爆发后，该行利用政治手段继续经营，取得了外商银行在天津的首席地位。新中国成立后，经中国银行批准，该行一度成为办理外汇的指定银行，1957年停业。

2. 建筑概况

该建筑为砖木结构三层楼房，首层为水泥仿石块墙面，二、三层为清水红砖墙与混水墙面搭配，墙面装饰有抹灰纹样。建筑造型稳重，细部丰富，色彩明快大方，具有西洋古典主义建筑特征（图4-80、图4-81）。

在百余年的历史进程中，该建筑历经洪水、地震等自然灾害，现状立面与历史原貌相比变化较大（图4-82），原屋顶三座凉亭在地震中倒塌并拆除；屋顶女儿墙处宝瓶等装饰构件破损后未按原貌恢复;外立面清水墙面附着尘土、污垢,个别部位受损;混水墙面存在空鼓、裂纹,涂料褪色等情况;外立面门窗、雨水管局部损坏,油漆脱落。

3. 保护整修情况

2006 年在市政建设工程中,调整规划方案,建筑原址保留。2009 年对该建筑外立面进行了整修,恢复了历史原貌。

(1)原址保护

2006 年,按照城市道路改造方案,该建筑由于占压道路红线,将被拆除。考虑该建筑的艺术、历史文化价值,经历史风貌建筑保护专家咨询委员会专业会议审议,有关部门批准,调整了规划红线,保留了该建筑。

(2)外立面修复

在对历史照片、历史图纸仔细研究的基础上,经现场查勘、方案设计、专家论证,决定恢复建筑屋顶的三个凉亭,施工中采用钢筋混凝土与钢结构形结合的形式既确保了结构的安全又不会因荷载过大影响建筑整体的结构安全(图 4-83)。同时按照历史原貌恢复了屋顶女儿墙的宝瓶。并对外墙面、雨水管、门窗等进行了维修。

4. 保护整修特点

(1)保护优先

建筑是城市的重要组成部分,历史风貌建筑是建筑中的精华,是不可再生的资源。城市的不同时期都会出现独具特色、地标性的建筑,原东方汇理银行大楼便是其一。为了保护历史风貌建筑,调整城市道路改造的规划方案在当时属于首创,这是一座城市尊重历史、尊重文化的体现,也是城市魄力的体现,为今后的保护工作起到了很好的示范作用。

(2)恢复建筑原貌

对于原东方汇理银行整幢建筑而言,顶部的三个凉亭是建筑的点睛之笔,通过整修恢复了凉亭,使其恢复了历史原貌,重新成为解放北路一道亮丽的风景线(见图 4-84)。

图 4-83 屋顶凉亭施工照片

图 4-84 整修后照片

4.2.3 外立面保护

4.2.3.1 一般规定

为提高经过清洗、修复的外立面面层的抗风化、抗污损性能，需对面层进行保护。需保留墙面涂料，仅对局部破损的使用涂料修补，清水砖墙、水刷石墙面等涂刷墙面保护剂，木材及铁艺刷油漆。

4.2.3.2 涂料修补（图4-85～图4-88）

（1）原墙面为涂料面层且需要保留，但局部起皮脱落的，可用涂料进行局部修补、找色。

（2）通过对原有涂料进行检测分析，确定材料成分及颜色。

（3）修补时先将基层清理干净，使用与原涂料相同或相近的材料，调色后采用喷涂的方式进行修补。喷涂过程中可由薄到厚逐步试验，直至与原涂料效果相同为止。

4.2.3.3 墙面保护

（1）清水砖墙、水刷石、河卵石、石材等面层直接裸露墙面，可通过墙面保护剂降低墙面材料的吸水性，从而提高其抗风化、抗污损性能。

图4-85 基层清理后
图4-86 基层清理

图4-87 喷涂料
图4-88 局部修补后

图 4-89 喷涂
保护剂施工
图 4-90 木大
门油漆后

图 4-91 铁艺栏
杆油漆

（2）保护剂应无色、透明、亚光、透气。

（3）施工时材料表面应干燥、清洁，可采取涂刷、喷涂等工艺（图 4-89）。

4.2.3.4 木质门窗油漆

（1）木质门窗需要通过喷、刷油漆的方式，提高其防水、防腐性能。

（2）通过对原有门窗留存油漆的检测分析，确定油漆的成分及颜色。

（3）喷、刷油漆前要做好基层处理。

（4）可采用涂刷或喷涂的方式，普通油漆需要刷 2 ~ 3 遍。喷、刷油漆时，应注意成品保护，不要污染墙面或地面（图 4-90）。

4.2.3.5 金属大门及栏杆油漆

（1）金属大门及铁艺栏杆需要通过面层涂刷油漆的方式提高其防水、防锈性能。

（2）通过对留存油漆的检测分析，确定油漆的成分及颜色。

（3）油漆前要做好基层处理。

（4）一般采用涂刷的方式，普通油漆需要刷 2 遍。刷油漆时，应注意成品保护，不要污染墙面或地面（图 4-91）。

4.3　历史风貌建筑内饰修缮技术

建筑内饰具有实用和美观双重作用，对于历史风貌建筑艺术处理就居于较重要的地位；它可以反映建筑时代、艺术特色。历史风貌建筑室内装饰因长期使用、自然破损等造成的损坏，应及时进行维修。

4.3.1　顶棚－板条抹灰维修

1. 主要材料

普通硅酸盐水泥、砂、石灰、石灰膏、麻刀、木板条、钉子、108 胶等。

2. 主要机具

和灰机、灰铲、抹子、錾子、锤子、云石锯、靠尺、托线板、托灰板、木杠、凿子、刨子、榔头、锯等。

3. 工艺技术

（1）龙骨、吊杆、板条等维修

1）抹灰层与板条脱离或板条与龙骨脱节的，应先将抹灰层铲掉成直槎。把板条与龙骨重新钉牢或补钉部分新板条，并刷洗干净。

2）若顶棚下垂，吊木槽杇损坏，钉子锈蚀或主龙骨损坏时，应将顶棚临时支顶，按查勘设计拆下局部吊杆、龙骨、板条及抹灰层，及时将垂下的顶棚复位到原有标高，重新装钉龙骨、吊杆、板条等。

（2）抹水泥石灰膏混合麻刀灰

应先用水泥石灰膏混合麻刀灰打底（水泥：石灰膏：细砂 =1：2：1），板条易吸水膨胀，干燥后收缩，易使抹灰层脱落、开裂。作业时，应待底子灰基本干燥后，浇水湿润，再抹找平层和罩面灰。

抹灰时垂直板条方向抹，并用力将混合麻刀灰挤压入板条的缝隙内背面形成舌头灰，待混合麻刀灰 7 ~ 8 成干时，浇水湿润，抹混合麻刀灰找平层，用刮尺刮平顺，木抹子搓压平整，当找平层 6 ~ 7 成干后，再抹混合麻刀灰罩面，抹平整、压实、赶光，罩面灰厚度不超过 4mm，抹灰总厚度为 15 ~ 20mm。

4.3.2　灰线－灰线维修

1. 主要材料

普通硅酸盐水泥、砂、石灰、石灰膏、麻刀、木板条、钉子、石膏、铜丝、镀锌钢丝、白水泥、108 胶等。

2. 主要机具

砂浆搅拌机、和灰机、灰铲、抹子、錾子、锤子、云石锯、靠尺、托线板、托灰板、木杠、凿子、刨子、榔头、锯等。

3. 工艺技术

（1）灰线局部磕碰、掉角、裂缝等轻度损坏时，可直接按原灰线式样，原材料进行补抹。

（2）灰线损坏、残缺严重时，应铲掉原灰线，按原灰线式样重新制作。

1）旧灰线铲除后，应将基层清理修补完整。按墙面、柱面的水平控制线确定灰线位置。

2）根据原有灰线的图案、尺寸制作木模，木模分死模、活模两种，其形式及使用方法为：

①活模使用方法

活模适用于梁底及门窗等花线。活模是靠在一根底靠尺用两手捋出线条来。活模在任何部位都能拿下来。若是圆形灰线活模，适用于室内顶棚上的圆灯头花线和外墙面门窗洞顶部半圆形装饰灰线。它的一端做成花灰线形状的木模。另一端按圆形花线半径长度钻一钉孔，操作时将有钉孔的一端用钉子固定在圆形灰线的中心点上，将活模尺板顶端钉孔套在钉子上，另一端木模即可在半径范围内绕中心钉子来回旋转，捋制出圆形灰线。

用活模时，只用下靠尺。上靠尺用顶棚的底子灰及压光的冲筋代替。活模一边靠在靠尺上；一边紧贴在冲筋上，探出线条。罩面时，最后一次要捋到头一次成活。如是圆形灯光灰线，必须先按设计图纸弹线找出灯位的中心，钉上钉子，将活模钉在尺板上，把尺板的顶端钻孔套在钉子上，使活模绕着中心钉子旋转，来回将灰成线角形。

灰线接头（合拢）为阳角时，按已成活的灰线在墙顶的位置、形式、尺寸，找出垛、柱阳角距离，确定出灰线的位置，称为"过线"。其"过线"的做法，是用灰线方尺套在已成形灰线的墙顶上。先将两边靠墙顶阳角处与垛、柱结合齐，再接阳角。要严格控制，不要越出画线。抹做时，与形成灰线做法相同，大小一致，使阳角方正，成一直线。

灰线的抹灰应分遍成活。底层、找平层的砂浆中宜掺入少量麻刀。罩面灰也应分遍连续填抹，表面应捋实、修正、压光。

梁底、门窗口和台口处的灰线应用活模。操作时，应一边贴靠尺；一边贴冲筋。模子一边紧贴靠尺；一边紧贴冲筋，并探出灰线。

灯光灰线修补，应先按原有灰线套制活模，再将损坏的灯光灰线铲除，露出基层，其边缘留出直槎。用钢丝刷刷干净，喷水湿润，在其中心钉上钉子，将活模的柄端孔眼套在钉子上，再逐层上灰，使活模绕钉子旋转捋成灰线成活。

在灰线阳角相接处，先用灰线接角尺板轻轻抹成灰线，再一边接角成形。

在阴角抹好后，再将阳角的线口，用套方尺过线堆角成形。

②死模使用方法

用死模时，浇水湿润基层，根据墙上 +500mm 水平控制线，先用尺返在灰线位置上，并在立墙四周弹粉线，再按模子垂直方正，做出四角灰饼。定出上下稳尺的位置再弹线，按线稳靠尺。其方法是：把靠尺用水泥纸筋混合灰（或用石膏）粘贴牢，也可把靠尺用钉子临时定在墙上。靠尺的出进应上下平直一致，粘贴牢固，其两端要大于死模宽度的尺寸，以便安放和取出死模。

操作时，先薄薄抹一层1∶1∶1水泥石灰混合砂浆粘牢于顶棚上。随着用较干稠的1∶1∶4水泥石灰砂略掺麻刀的混合砂浆垫层灰，一层一层地推抹，死模随时推拉至基本成形。第2天用1∶2石灰砂浆（砂子需过3mm筛），也可稍掺入少量水泥作为出线灰，以达到灰线成形，棱角基本整齐。然后用纸筋灰罩面。作业时，一人在前用合页式的喂灰板按在模子口处喂灰，一人在后推模，两人协调一致。稍平后，再用细纸筋灰推到棱角整齐光滑为止。在抹出线灰及纸筋灰时，模子只能往前推，不能往后拉，做完后拆除靠尺。

③灰线接角做法

灰线接头（合拢）为阴角时，在房间四周的墙顶灰线将抹完后，拆除靠尺，切齐甩槎，即开始连接每两面墙顶的接头，使之在阴角处合拢。操作时，先按已成活的灰线在墙顶的位置、形式、尺寸，用抹子一层一层地续抹灰线的各层灰。当抹上出线灰及罩面灰后，分别用灰线攒角尺，一边轻轻贴靠已成活的灰线，一边轻轻刮将接角合拢处的灰，使之基本成灰线形。随即用镀锌薄钢板或竹片修整平顺，不显接槎。然后用软毛刷或排笔蘸水带刷、压光。接头阴角的交线与立墙阴角的交线应在一个平面内。

较简单的灰线，应在墙面、柱面和顶棚的找平层砂浆抹完后进行。线条较多的灰线，应在墙面和柱面的找平层砂浆抹完后，顶棚抹灰前进行。

4.3.3 块料面层维修

4.3.3.1 大理石、花岗岩饰面板的维修

1. 主要材料

普通硅酸盐水泥、砂子、大理石板、花岗岩板、石膏、铜丝、镀锌钢丝、草酸、蜡、大理石胶等。

2. 主要机具

砂浆搅拌机、云石锯、抹子、木托板、托线板、木杠、靠尺板、方尺、水平尺、钢卷尺、粉线包、笤帚、软毛刷、橡皮锤、錾子、电钻、角磨机等。

3. 工艺技术

（1）剔凿

按查勘设计和现场核查划定的修补范围，切割剔凿、清除损坏部位的石材板。注意切勿损伤周边保留的石材板棱角。同时检查找平层，如有损坏也应切割剔去，露出新槎。

（2）处理墙面

1）当损坏的墙面有空洞、沟槽、灰浆、污垢时，应将空洞、沟槽、灰浆、污垢及旧砖墙松动的灰缝砂浆剔除、清扫干净，提前一天浇水湿润。

2）将混凝土墙面的灰浆剔凿，并用钢丝刷清理干净。将墙面遗留的孔洞、沟槽等用细石混凝土或水泥砂浆分层填补平整，光滑的墙面进行凿毛。

（3）抹底层灰

1）补抹底层灰

将基层浇水闷透，接槎处刷水泥浆，按查勘设计抹 1∶3 水泥砂浆底层灰，与原有的底层灰接槎严实、平整。

2）新抹底层灰

①靠吊垂直、套方、拉通线、做灰饼、冲筋。外立面墙从顶层向下吊垂直通线，找好各部关系，并在墙上弹墨线，控制墙面的立檐和竖向灰线（包括口线）；四角规方、横线找平，在墙上弹水平墨线，用以控制墙面的所有横檐和水平线（包括口上线和窗台线）；在墙面和阴阳角处，窗口两侧、柱和垛子的中间，进行吊垂直、套方、拉通线、做灰饼、冲筋，用刮杠找平做规矩。其冲筋间距为 1.2 ~ 1.5m。

②将墙面适当浇水，分层抹 1∶3 水泥砂浆。先在冲筋之间薄薄抹第一遍灰，用力把灰浆压入砖缝内，接着再抹第二遍，用木杠与冲筋刮平，木抹子搓平、压实，并用笤帚扫毛。春夏季节蒸发快，还须适当洒水养护。

③全面检查底子灰的垂直度、平整度和阴阳角垂直、方正等，并仔细进行修整，使之达到合格。

④靠吊垂直、套方、找正、拉通线、做灰饼、冲筋等（横、竖均可）。

⑤将墙面适当洒水湿润，随在冲筋之间刷 108 胶水泥浆，随沿垂直模板纹方向薄薄抹一遍 1∶3 水泥砂浆底子灰，接着抹第二遍，用木杠与冲筋刮平，木抹子搓平压实，并用笤帚扫毛，适当洒水养护。

（4）镶贴大理石面板

1）按查勘设计图案的品种、规格、尺寸、颜色等，将大理石（花岗岩）板放在平整的地面上，进行弹线，试排拼花，摆好挡距，调好缝子，经检验合格后进行横竖编号。

2）将大理石按镶贴编号的顺序各面均刷保护剂。

3）将底层灰适当浇水湿润，随刷素水泥浆，随在大理石背面满刮 1∶1 水泥砂浆（中砂细筛）2 ~ 3mm 厚，按弹线和编号位置自下向上，按行镶贴，用橡皮锤或木锤敲实、敲平，再用靠尺和水平尺找直、找平。也可用专业用胶镶粘。

4）镶贴大理石（花岗岩）板材时，应用同色水泥擦缝。

（5）拴贴大理石面板（边长大于 400mm）

1）按查勘设计图案，将大理石（花岗岩）板放在平整的地面上试排拼缝、编号。在拉线找方、挂线找直时，要注意门窗、贴脸、抹灰等之间厚度的关系，留出大理石及灌浆厚度。

2）按大理石的尺寸在墙上弹画横、竖钢筋的控制线，在横竖控制线的交点处，钻孔安装膨胀螺栓，按膨胀螺栓的位置，先横后竖绑扎钢筋成网。

3）将第一层大理石（花岗岩）板的底端铺安平直垫板，第一层横向钢筋高于平直垫板顶面 50 ~ 70mm，在第一层石材背面的上下两面，距板端 1/4 处，用云石锯各开槽 2 个，各用 2 根双股 18 号铜丝与第一根横筋捆绑。在石材板上面两槽用 2 根双股 18 号铜丝与上部横筋捆绑。用木楔调整灌灰厚度。

4）按照弹画找好的水平线和垂直线，在最下一行的两头用镶面板找平、找直。拉上横线，从阳角或中间开始镶贴。离墙留 25mm 左右的空隙，依次按顺序向一边或两侧镶贴。随时用托线板检查靠直、靠平，保证板与板交接处四角平整，将上下口的四个角用石膏临时固定，较大面板的固定应加临时支撑，并用纸或石膏将底下及两侧的缝隙堵严。镶面板固定后，分层灌注 1 : 2.5 的水泥砂浆，捣固密实，每次的灌注高度为 200 ~ 300mm。待初凝后，再继续灌注，至距面板上口约 50 ~ 100mm 处为止。第一行灌注砂浆后，将上口临时固定的石膏剔掉，再镶安第二行。依次逐行往上镶安。

（6）大理石（花岗岩）板用于转角处时，应为割角方正、通顺、平整的八字形。

（7）大理石（花岗岩）板每天镶安固定后，应立即将饰面清理干净，采取措施保护好棱角。

（8）当有预埋件、管线等穿过大理石面板时，应预先按设计图纸和现场情况，找好位置、测量尺寸，按留孔的大小、形状，在地面上提前成孔。

（9）镶贴大理石（花岗岩）板 24 小时后，浇洒水养护 1 ~ 3 天，清除石膏锔子，用与面板同色的水泥砂浆擦缝，清干净表面，用稀草酸擦洗，用清水洗刷干净。

（10）打蜡。第一遍时，将蜡（用川蜡 500g、煤油 2000g、松香水 100g、鱼油 100g 配置）包在薄皮内轻轻擦拭。第二遍时，一人在前用布擦蜡；一人在后用干布擦匀，停歇 2 小时，再用干布擦光、打亮。也可涂专用蜡后，抛光。

4.3.3.2 内墙镶贴面砖（瓷砖）的维修

1. 主要材料

面砖（瓷砖）、普通硅酸盐水泥、中砂、石膏、白水泥等。

2. 主要机具

砂浆搅拌机、砂轮机、云石锯、抹子、木托板、托线板、木杠、靠尺板、方尺、水平尺、钢卷尺、粉线包、笤帚、软毛刷、橡皮锤、硬木拍板、錾子等。

3. 工艺技术

（1）剔凿。按查勘设计和现场核查划定的修补范围，范围边缘应在面砖（瓷砖）分格处或墙转角处。切割剔凿、清除损坏部位的面砖（瓷砖）。用錾子轻轻凿去起壳的面砖（瓷砖），注意切勿损伤周边保留的面砖（瓷砖）。同时检查找平层，如有损坏也应切割剔去，露出新槎。如砖墙面也有裂缝，应先修补砖墙裂缝，将裂缝处剔沟槽，并清理冲洗干净，待干燥后，在裂缝沟槽填嵌环氧树脂腻子。

（2）处理墙面

1）当损坏的墙面有空洞、沟槽、灰浆、污垢时，应将空洞、沟槽、灰浆、污垢及旧砖墙松动的灰缝砂浆剔除、清扫干净，提前 1 天浇水湿润。

2）将混凝土墙面的灰浆剔凿，并用钢丝刷清理干净。将墙面遗留的孔洞、沟槽等用细石混凝土或水泥砂浆分层填补平整，光滑的墙面进行凿毛。

（3）抹底层灰

1）补抹底层灰。将基层浇水闷透，接槎处刷水泥浆，按查勘设计抹 1 : 3 水泥砂浆底层灰，与原有的底层灰接槎严实、平整。

2）新抹底层灰

①靠吊垂直、套方、拉通线、做灰饼、冲筋。外檐墙从顶层向下吊垂直通线，找好

各部关系，并在墙上弹墨线，控制墙面的立檐和竖向灰线（包括口线）；四角规方、横线找平，在墙上弹水平墨线，用以控制墙面的所有横檐和水平线（包括口上线和窗台线）；在墙面和阴阳角处，窗口两侧、柱和垛子的中间，进行吊垂直、套方、拉通线、做灰饼、冲筋，用刮杠找平做规矩。其冲筋间距为 1.2 ~ 1.5m。

②将墙面适当浇水，分层抹 1∶3 水泥砂浆。先在冲筋之间薄薄抹第一遍灰，用力把灰浆压入砖缝内，接着再抹第二遍，用木杠与冲筋刮平，木抹子搓平、压实，并用笤帚扫毛。春夏季节蒸发快，还须适当洒水养护。

③全面检查底子灰的垂直度、平整度和阴阳角垂直、方正等，并仔细进行修整达到合格。

④靠吊垂直、套方、找正、拉通线、做灰饼、冲筋等（横、竖均可）。

⑤将墙面适当洒水湿润，随在冲筋之间刷 108 胶水泥浆，随沿垂直模板纹方向薄薄抹一遍 1∶3 水泥砂浆底子灰，接着抹第二遍，用木杠与冲筋刮平，木抹子搓平压实，并用笤帚扫毛，适当洒水养护。

（4）镶贴面砖（瓷砖）

1）按原墙面的分格，进行弹线分格分段，粘好木条，依原面砖面作为新面砖的面。

2）贴面砖前应将面砖（选用与原面砖尺寸、颜色相同的）在清水中浸泡 2 ~ 3 小时后阴干备用。先按第一行面砖下口位置线粘好木条，然后自下而上逐行铺贴。

3）待底子灰稍干后，在其上找规矩弹水平线。新做面砖时，应算好纵横的皮数，修补面砖的水平线必须与原有面砖一致。用废面砖贴做灰饼，找出标准，上下挂立线，阳角要两面挂件，在立线上拴活动的水平线，控制面砖（瓷砖）表面的平整。修补面砖（瓷砖）应与原有镶面砖的厚度一致。用混合砂浆贴灰饼，找出表面平整的标准。灰饼间距一般不大于 1.50m。做灰饼时，上下和横向的灰饼，应用托线板和靠尺板吊直找平。

4）镶贴面砖（瓷砖）前，应按其规格、尺寸在现场预排摆砖。预排摆砖时，应先从大面排摆起，再至阴阳角，最后排摆池槽。在设有卫生器具的部位，应从卫生器具下水管的分口向两边排摆砖。肥皂盒、镜箱、毛巾支架等应先定位，并尽量赶整砖。面砖（瓷砖）墙裙线应平直通顺。修补面砖（瓷砖）时，其凸出面必须与原镶面砖、墙裙一致。如新做或整面墙翻修时，镶贴的瓷面砖墙裙，应比抹灰墙面凸出约 5mm。

5）镶贴面砖（瓷砖）时，应先将底子灰浇水湿润，在最下皮面砖（瓷砖）的下口，放好垫尺板，用水平尺找平，作为贴做第一皮面砖（瓷砖）的依据。垫尺板必须放置水平、稳固。

6）将面砖（瓷砖）提前用水浸泡 4 小时，取出阴干。由下往上，由阳角向阴角，逐行镶贴。镶贴时，随刷水泥浆（或刮素水泥浆），随用 1∶2 水泥砂浆摊铺在面砖（瓷砖）背面，随按尺线贴贴在墙面上，轻轻敲打砖面，使灰浆挤满贴实，如亏灰时，应取下面砖（瓷砖）添灰重贴。接缝宽度不大于 1.5mm。贴好后，应及时检查有无空鼓、不平等缺陷；如有空鼓，应揭下重贴。合格后，用清水冲擦干净，再用石膏或与面砖（瓷砖）颜色相同的水泥砂浆擦平缝子，最后用棉纱擦干净。

7）用 108 胶水泥砂浆作黏结层时，应抹一行，贴一行。在温度 +15℃时，从涂抹 108 胶水泥砂浆到镶贴面砖（瓷砖）和修整缝隙止，全部工作应在 3 小时内完成。其缝隙挤出的灰浆,应及时用棉纱擦净。用108胶水泥砂浆镶贴面砖(瓷砖),宜用手轻轻地压,并用橡皮锤轻轻敲击面砖,使之与底子灰层紧密黏结。

8）在新做或整体修缮面砖（瓷砖）结束后，可用稀盐酸刷洗表面，随即用清水冲洗干净。

9）需用异型砖开砖打眼时，应尽量选用金刚石钻、砂轮和切割机等钻眼、切割和修整，其切割、钻眼的边角应整齐、圆滑，有飞边、裂缝的不准使用。

4.3.3.3　陶瓷锦砖镶贴面维修

1. 主要材料

陶瓷锦砖、水泥、砂子、石灰膏、108胶、纸筋等。

2. 主要机具

砂浆搅拌机、砂轮机、云石锯、抹子、木托板、托线板、木杠、靠尺板、方尺、水平尺、钢卷尺、粉线包、笤帚、软毛刷、橡皮锤、硬木拍板、錾子、擦布、棉纱等。

3. 工艺技术

1）应按查勘划定维修范围，用錾子剔撬下损坏的陶瓷锦砖，并剔成直槎，并保留不损坏的底子灰，用扁錾子凿毛，在修补陶瓷锦砖面的四周剔出深痕，刷洗干净，用水泥砂浆混合灰分层找补平整。

2）在底子灰上，按陶瓷锦砖图案的尺寸弹画水平线和垂直线，计算出陶瓷锦砖的块（张）数。修补陶瓷锦砖的弹线应与原有陶瓷锦砖镶面一致，并贴好水平尺板。

3）镶贴前，按自上而下，从左至右的顺序进行。将底子灰浇水湿润，随刷水泥浆，随抹1∶1水泥砂浆约3mm厚，随用尺板刮平，木抹子搓平，将陶瓷锦砖护纸面朝下铺放在木垫板上，在底面朝上的缝子里撒1∶2干水泥砂。用软毛刷刷净底面，薄薄抹上一层水泥∶纸筋=1∶0.3水泥纸筋灰浆，清理四边余灰。逐张按水平尺板的上口，由下往上镶贴，随后用硬木拍板贴靠在镶贴好的陶瓷锦砖上，用小木锤轻轻敲打硬木拍板，使其黏结牢固，并刮去边缘挤出的灰浆。如有分格条时，镶贴完一组后，在其上口贴好分格条，再镶贴第二组。

4）镶贴、拍完后用软毛刷蘸水轻轻湿润护纸，约30分钟后轻轻揭纸。检查有缝子不均时用开刀拨缝，再垫硬木拍板用小锤敲击一遍。用刷子轻轻刷出缝中的砂子，用小水壶由上往下稍稍浇水冲洗。

5）分格条应在镶贴陶瓷锦砖48小时后再轻轻起出，用镶贴陶瓷锦砖同颜色的水泥砂浆刷缝或勾缝，随即用棉纱擦净。进行适当洒水养护。

4.3.4　细木装饰维修

1. 主要材料

木材、胶合板、五金件、钉子、螺钉、窗纱、聚醋酸乙烯乳液等。

2. 主要机具

电锯、手锯、电刨、手刨、凿眼机、开榫机、电钻、斧子、榔头、扁铲、凿子、钢卷尺、方尺、角尺、墨斗、线勒子、起钉器、高凳、梯子等。

3. 工艺技术

（1）局部损坏维修

1）按设计和修缮方案，选用与原有门窗框相同的树种，含水率相同的木材。

2）按损坏部位的情况，配制好形状、尺寸适宜的拟帮木条和补洞木块。

3）将配好的木条或木块放在损坏拟帮、补的位置上套画，注意新帮木条、补洞木块，必须与原有扇料纹理通顺一致。

当扇与门窗框间风缝过大时（扇的高度或宽度不够大时），先在下抹头或在装合页的一侧，涂刷乳胶粘结已刨好的与原材质相同的木条，再用砸扁钉帽的钉子钉牢，并冲入木条内 1 ~ 2mm，刨光，再安装。

4）用凿子、扁铲留线剔除损坏部位，其凹槽深度，应小于配制木条或木块的厚度 1 ~ 5mm。

5）凹槽刷胶后，用斧子垫硬木块，将拟帮、补刷胶的木条或木块敲砸入凹槽内，再刨平、刨光。将所帮木条在边角处，用砸扁帽的圆钉钉牢，并冲入表面内 2 ~ 3mm。

（2）大部分损坏维修

1）应先按原状进行核查、测绘，再选择与原有树种、纹理、含水率、规格、尺寸一致的木材，按原样进行仿制、起线。

2）拆除已损坏部分，处理好基层。将仿制的筒子板等进行防腐处理，重新进行安装，恢复原有形状和功能。

4.3.5　油饰

1. 主要材料

调和漆、铅油、白铅油、光油（或熟桐油）、清油、防锈漆、地板漆、汽油、酒精、漆片、火碱、脱漆剂、石膏、大白粉、稀释剂和催干剂、胶、脂胶清漆、酚醛清漆、硝基清漆、醇酸清漆、颜料、砂蜡、光蜡、底漆、喷漆、松香水、松节油、川蜡、白蜡、黄蜡、木炭等。

2. 主要机具

铲刀、牛角翘、油刷、油画笔、铜丝箩、钢尺、直尺、刻刀、油勺、漏斗、砂纸、砂布、油桶、笤帚、棉纱、擦布、腻子板、胶皮刮板、水桶、钢丝刷、小锤、钳子、喷灯、挠子、排笔、高凳、气泵、滤油罐、风管、喷枪、油勺、竹片、烤蜡机、刨蜡机（或木工刨）、抛光机（或棕刷）等。

4.3.5.1　清色油漆维修

1. 中级清漆维修

（1）基层处理

1）新木材面。刷油前，顺木纹打磨，节疤处点漆片 2 ~ 3 遍，如粘有油垢或树脂，先用铲刀刮净，再用蘸有热水的水砂纸打磨，或用热肥皂水（碱水）刷洗，清水冲擦净。

2）旧木材面。刷油前，应根据老油皮的附着力和老化程度处理，一般可以下列做法中选择：

①火碱水浸刷。用排笔蘸火碱水（火碱水的溶液浓度，经实验以能去掉旧油皮为准），

刷在老油皮上,稍干燥时,再刷1遍,连续刷2～3遍。用铲刀或挠子把老油皮刮掉挠净,再用清水（最后用温水）把残余的火碱水洗刷干净。

②烤挠油皮。用喷灯烤挠老油皮,待焦煳鼓泡后,移动喷灯,立即用挠子刮去烤焦鼓的油皮。边烤、边铲、边挠,密切配合,协调进行。如油皮烤焦鼓后,再冷却就难于刮掉。喷烤时,应细心操作,不准将木材面烤煳或烤坏玻璃。挠子要常磨,操作要用力均匀,顺着木纹,紧贴木面连续刮挠,防止油皮漏挠不净。门窗的贴脸和线角应轻轻烤挠,注意保护好木质和线角。

③脱漆剂铲刷。把脱漆剂刷在老油皮上,待油皮鼓胀起皱时,用铲刀或挠子刮掉。油皮不干净时,可连续刷铲2～3遍,直至油皮全部脱掉。然后用清水洗刷干净。脱漆剂气味刺激大、易燃,应注意通风、防火,并不准与其他溶剂混用。

（2）砂纸打磨

基层处理后,木材表面用细砂纸顺木纹打磨,先磨线角,后磨四周平面。如有刨痕可用砂纸包木块打磨平整、光滑,再用潮布擦净。

（3）润粉

1）润油粉。用大白粉、石性颜料、光油（或熟桐油）和松香水等配成油粉。擦油粉时,一个面应一次涂擦成活。应避免在接头重叠处,因涂粉不匀造成颜色深浅不一。可用棉纱沾油粉反复涂擦多遍,直到擦满木材的全部棕眼,做到颜色一致,不得污染墙面和小五金。待油粉稍干后,用竹丝或细软刨花将表面多余的油粉擦净。线角等不易擦净的地方,应用竹片或牛角翘刮擦（不准用铲刀刮）。油粉干后,用旧砂纸轻轻顺木纹打磨,先磨线角和裁口,后磨四口平面,注意保护棱角,不要将棕眼内油粉磨掉。磨后用潮布将粉末等擦净。

2）润水粉。用大白粉、颜料和水、胶配成水粉。操作方法同润油粉。但水粉系用品色颜料配成,应注意以下两点:

①品色颜料着色力较强,操作时,应对细小部位随涂随擦,大面积处应涂均匀,一个面应一次涂擦成活,应避免在接头重叠处,涂粉不匀造成颜色深浅不一。

②水粉干后,应用布擦干净,不准用砂纸打磨。

（4）局部刮腻子

1）润油粉的,用石膏、光油、水和颜料拌制成色石膏油腻子,其颜色与油粉相同。用铲刀或牛角翘将腻子刮入接缝、裂缝、棕眼和钉孔内。如接缝或节疤较大时,应用牛角翘将腻子挤入缝内抹平、刮光。腻子干后,用细砂纸轻轻顺木纹打磨,先磨线角,后磨四周平面。并注意保护棱角,反复打磨光滑,磨后用潮布擦净。

2）润水粉的,用大白粉、颜料和胶拌成带色水腻子。腻子颜色不深于底色,也不宜过浅,以免造成颜色不一致。嵌缝时,腻子要略高出物面,腻子干后,用细砂纸轻轻顺木纹打磨,先磨线角,后磨四口平面。并注意保护棱角,反复打磨光滑,磨后用潮布擦净。

（5）刷油色或清油

1）润油粉刷油色。油色可用色油（铅油和调和漆）、汽油、光油、清油配成,也可用色油、煤油、清漆、松节油混合配成。过铜丝箩后倒入油桶内。使用时要不断搅拌,避免沉淀。刷油色时，应先上后下，先左后右，先外后内；顺木纹涂刷；刷纹通顺，无节无绺、光亮、均匀。油色比较难刷，不滑润，不易刷匀，应逐段、逐面进行。刷拼缝和接头处时，应轻刷，达到颜色一致，不能留下明显的拼接痕迹。涂刷应均匀，色泽一致，不能盖住木纹。每个刷面要一次刷好，不留接槎，两个刷面交接楞口不得互相粘油，应达到颜色一致。

2）润水粉刷清油。配制清油宜稀不宜稠，刮补腻子后，表面颜色不一致时，可在清油中略加颜色，使刷后表面颜色一致。涂刷工艺同润油粉刷油色。清油干后，用砂纸打磨平整、平滑，用潮布擦净。

（6）拼色

木材表面的黑斑、节疤和材色不一致处，可用漆片、酒精加颜料或用稀释剂加调和漆配制的涂料进行修色。深的修浅，浅的提深，使木料的深浅色拼成一色，并绘出木纹。修完后，用砂纸轻轻打磨，不可磨破漆膜，磨后用潮布擦净。

刷油色后，如仍有缺陷，可用油性略大的色石膏腻子修补。操作时，必须用牛角翘刮抹，不准损伤油色漆膜，腻子要收刮干净，干后用砂纸打磨，用潮布擦干净。

（7）刷第一遍清漆

涂刷工艺同润油粉刷油色。涂刷时，可在清漆中加20%～30%的松香水，清漆干后（最少要3天），用水砂纸蘸水打磨。必须将清漆面的光亮全部打磨掉，才能保证涂刷交活清漆面的光亮、均匀。

（8）刷第二遍清漆

用原桶清漆涂刷（冬季可略加催干剂），涂刷工艺同润油粉刷油色。涂刷时，要多刷、多理，涂刷均匀、饱满。不流坠，刷纹通顺，无节无绺、光亮、均匀。刷木门窗时门窗扇要临时固定好，在安装玻璃后涂刷第二遍清漆。

2. 高级清漆（磨退）维修

（1）基层处理、磨砂纸、润粉和刮补腻子，按中级清漆的操作工艺进行。

（2）刷漆片

将干漆片先放入容器，再倒入酒精（酒精与干漆片的比例为5∶1），溶解后加入适量颜料，成为带色漆片溶液。使用时要不断搅拌，避免沉淀。刷漆片时，应先上后下，先左后右，先外后内；顺木纹涂刷；刷纹通顺，无节无绺、光亮、均匀。应逐段、逐面进行。刷拼缝和接头处时，应轻刷、快刷，达到颜色一致，不能留下明显的拼接痕迹。涂刷应均匀，色泽一致，不能盖住木纹。每个刷面要一次刷好，不留接槎，两个刷面交接楞口不得互相重叠，应达到颜色一致。按以上方法涂刷第二遍。

两遍漆片干后，用漆片调成的腻子，填补细小裂缝及损坏处。腻子干后，用砂纸打磨光平，再刷第三遍漆片。三遍漆片刷完后，如木材面颜色深浅不一时，应进行修色。

修色后再刷1～2遍漆片，每遍漆片刷后，都要用旧砂纸轻轻打磨一遍，用干净潮布擦净。

（3）揩理漆片

用白布包棉花蘸漆片溶液，并用手适当挤出多余的漆片溶液，按顺木纹揩理几遍，再在面积较大处打圈揩理。在棕眼处，应用棉团蘸漆片溶液和浮石粉揩理，直至全部棕眼揩理平整。每揩理一遍后，用的漆片溶液要逐遍调稀。每揩理 2 ~ 3 遍后，必须用砂纸轻轻打磨一遍。

（4）刷腊克（即硝基清漆）

将腊克用香蕉水稀释，按刷漆片、揩理漆片的操作工艺进行。一般需刷 4 ~ 5 遍。刷第一遍的腊克宜稠些，以后逐遍用香蕉水稀释的腊克涂刷，每刷一遍后，均应用旧砂纸轻轻打磨。腊克和香蕉水的渗透力很强，在一个地方不宜多刷、多停。防止把底层漆膜泡软翻起，一般只刷一个来回。

一般需揩理 8 ~ 10 遍，必要时需要揩理十几遍。揩理中间应用水砂纸略加打磨，做到漆膜平整、光滑和丰满。

（5）磨退

最后一遍腊克面干燥后，进行磨退。一般要隔 2 ~ 3 天，用手工磨退，使用经热水泡软后的 320 号旧水砂纸打磨。

（6）擦蜡

先用干净纱布蘸掺入少量煤油的砂蜡在物面上涂擦，只要蜡不呈干燥现象，就应尽量反复涂擦，并注意蜡的适宜厚度，最后用干净软布擦蜡。经反复用力揩擦，使物面上的微小颗粒和纹路都揩擦平整。

（7）擦亮

按上述方法上光蜡，注意光蜡一定要上薄、上均匀，揩擦至物面闪闪发光。

3. 涂刷清漆工序表

木材面涂刷清漆的主要工序，按查勘设计的油漆等级参照表 4-1 进行涂刷。

木材表面涂刷清漆的主要工序参照表 表 4-1

项次	工序	中级清漆	高级清漆（磨退）
1	基层处理（清扫、起钉子、除油污等）	+	+
2	磨光	+	+
3	润粉	+	+
4	第一遍刮腻子、磨光	+	+
5	第二遍满刮腻子、磨光		+
6	刷油色或清油	+	+
7	拼色	+	+
8	填补腻子、磨光	+	+
9	第一遍清漆	+	+
10	第二遍清漆	+	+
11	第三遍清漆		+
12	第四遍清漆（刷理腊克）		+
13	磨退		+
14	擦蜡		+
15	擦亮		+

注：1. 表中"+"号表示作业时，应进行的工序；

2. 在很光滑和平整的表面上涂刷时，可不满刮腻子。

4.3.5.2　打蜡

1. 木地板打硬蜡

（1）底层处理

1）新地板。用铲刀、皮老虎等，将地板表面裂缝及拼缝内的灰浆等吹净并刷洗干净。如粘有油垢可用铲刀刮净，再用肥皂水（或碱水）刷洗，清水冲净。干后用砂纸包木块按紧顺着木纹方向打磨，先用粗砂纸，后用细砂纸，打磨至表面平整、光滑，用潮布擦。

2）旧地板。根据地板蜡皮损坏和污染程度决定做法。如蜡皮严重损坏时，可用碱水或肥皂水等刷洗，清水冲净，不宜用火碱水去蜡皮。如油污严重需用火碱水刷洗，则刷洗后应用草酸水清洗干净，清除蜡皮后，再用砂纸打磨。如地板色彩尚好，损坏较轻，只需养护维修时，可用肥皂水刷洗，清水冲净。

（2）润水粉

首先用大白粉、颜料和水、胶配成水粉。再用棉纱蘸水粉，反复多次涂擦地板，擦满所有木纹、棕眼。润粉时，一个房间应一次成活，做到颜色一致，随涂擦随用软布将地板上的多余水粉擦净。踢脚板线角等难于擦净的地方，可用竹片或牛角翘刮擦。因水粉系含石性颜料着色力较强，宜随涂、随擦，应快涂、涂匀。在接头重叠处，应注意不能因润粉不匀而导致颜色深浅不一。水粉干后用干布揩擦、打磨一遍，并清理干净。

（3）刷水色

将石性颜料用热水溶泡，再适当加热，使其充分溶解。依颜色的深浅决定颜料与水的比例。一个面的水色应一次性有规律地刷完，不得漏刷。如颜色深浅不一时，可在浅色处补刷，晾干。直至颜色基本一致。

（4）烤硬蜡

硬蜡常用白蜡与川蜡配成（比例为4∶6或3∶7），也可适当加些黄蜡（比例为白蜡∶黄蜡∶川蜡＝3∶3∶4）。将蜡刨成蜡花，按配合比均匀地撒在地板上，用电烤蜡机将蜡慢慢烤化，使之渗入地板内。随即用粗布反复擦磨，将熔蜡擦挤进木材棕眼，擦磨后用竹片或牛角翘将不均匀的蜡刮下，将多余的蜡皮收起备用。硬蜡一般烤2~3遍，用抛光机或棕刷将地板打磨光亮，再用软布擦磨。

（5）擦软蜡

将光蜡包在薄布内或用布蘸蜡，在地板上薄薄地均匀涂擦一层，再用抛光机抛光或用软布擦亮交活。

2. 磨石和大理石面打硬蜡

（1）底层处理

1）新磨石、大理石面。先用清水将新磨石、大理石面冲净，涂刷草酸，用油石打磨出白浆，再用清水冲洗，棉纱擦净。

2）旧磨石、大理石面。先用碱水清洗蜡皮，清水洗净。如使用年久凹凸不平时，应用磨石机磨光平，清水冲洗净，随涂刷草酸，再用油石打磨，清水冲洗，棉纱擦净。

（2）烤硬蜡

常用白蜡与川蜡配成（比例为4∶6或3∶7），也可适当加些黄蜡（比例为白蜡∶黄蜡∶川蜡＝3∶3∶4）。将蜡刨成蜡花，按配合比均匀地平撒在地板上，用电烤蜡机将蜡慢慢烤化，使之渗入石材面内。随即用粗布反复擦磨，将熔蜡挤进石材面孔隙。擦磨后用竹片或牛角翘将不均匀的蜡刮下，将多余的蜡皮收起备用。硬蜡一般烤2～3遍，用抛光机或棕刷将石材面打磨光亮，再用软布擦磨。

（3）擦软蜡

将光蜡包在薄布内或用布蘸成品蜡，在磨石、大理石面上进行涂擦。将蜡涂薄、涂匀后，再用抛光机抛光或用软布擦亮交活。

3.木地板打软蜡

（1）底层处理

1）新地板。用铲刀、皮老虎等，将地板表面裂缝及拼缝内的灰浆等吹净并刷洗干净。如粘有油垢可用铲刀刮净，再用肥皂水（或碱水）刷洗，清水冲净。干后用砂纸包木块按紧顺着木纹方向打磨，先用粗砂纸，后用细砂纸，打磨至表面平整、光滑，用潮布擦净。

2）旧地板。根据地板蜡皮损坏和污染程度决定做法。如蜡皮严重损坏时，可用碱水或肥皂水等刷洗，清水冲净，不宜用火碱水去蜡皮。如油污严重需用火碱水刷洗，刷洗后应用草酸水清洗干净，待蜡皮清除后，再用砂纸打磨。如地板色彩尚好，损坏较轻，只需养护维修时，可用肥皂水刷洗，清水冲净。

（2）刷底子油

在清油中加入适量的颜色，配成带色清油，并保证一个房间颜色完全一致，多房间基本一致。一般房间可两人作业。刷油时，先从远离门口处向门口方向退着刷，按照先踢脚板，后地板的顺序进行。大面和交接处要涂刷均匀。

（3）抹腻子

腻子颜色与带色清油一致。用腻子将地板裂缝、拼缝和凹凸不平处，嵌补、填实并刮平。腻子干后，用砂纸打磨平整、光滑，用潮布擦净。

（4）刷水色或油色

1）刷水色。将石性颜料用热水溶泡，再适当加热，使其充分溶解。依颜色的深浅决定颜料与水的比例。一个面的水色应一次性有规律地刷完，不得漏刷。如颜色深浅不一时，可在浅色处补刷，晾干，直至颜色基本一致。

2）刷油色。油色用色油、汽油和光油或色油、煤油、清漆和松节油等混合配成。涂刷时，应顺木纹涂刷均匀，一个房间一次成活，不留接槎。在拼缝和接头处，应轻轻飘刷，使木材色泽一致，不能盖住木纹。

（5）刷漆片或清漆

1）刷漆片。将干漆片先放入容器，再倒入酒精（酒精与干漆片的比例为5∶1），溶解后加入适量颜料，成为带色漆片溶液。使用时要不断搅拌，避免沉淀。刷漆片时，应先上后下，先左后右，先外后内;顺木纹涂刷;刷纹通顺，无节无绺，光亮、均匀。应逐段、逐面进行。刷拼缝和接头处时，应轻刷、快刷，达到颜色一致，不能留下明显的拼接痕迹。涂刷应均匀，色泽一致，不能盖住木纹。每个刷面要一次刷好，不留接槎，两个刷面交接楞口不得互相重叠，达到颜色一致。按以上方法涂刷第二遍。

两遍漆片干后，用漆片调成的腻子，填补细小裂缝及损坏处。腻子干后，用砂纸打磨光平，再刷第三遍漆片溶液。三遍漆片溶液刷完后，如木材面颜色深浅不一时，应进行修色。

修色后再刷 1 ~ 2 遍漆片溶液，每遍刷后，都要用旧砂纸轻轻打磨一遍，用干净潮布擦净。

2）刷清漆。用清漆涂刷（冬季可略加催干剂）。涂刷时，要多刷、多理，涂刷均匀、饱满。不流坠，刷纹通顺，无节无绺，光亮、均匀。

（6）擦软蜡

在底层油漆干后，即可擦软蜡。将光蜡包在薄布内，薄薄地均匀地涂擦在地板上，再用软布擦亮。

4. 木门窗、护墙板打软蜡

（1）基层处理

1）新门窗。刷油前，顺木纹打磨，节疤处点漆片 2 ~ 3 遍，如粘有油垢或树脂，先用铲刀刮净，再用蘸有热水的水砂纸打磨，或用热肥皂水（碱水）刷洗，清水冲擦净。

2）旧门窗。蜡皮和色彩损坏严重的，用碱水彻底洗刷，过清水露出新木槎，再用砂纸打磨。蜡皮和色彩尚好时，用肥皂水、清水冲洗干净后，再用砂纸打磨。

（2）润粉

1）润油粉。用大白粉、石性颜料、光油（或熟桐油）和松香水等配成油粉。擦油粉时，一个面应一次涂擦成活，应避免在接头重叠处，因涂粉不匀造成颜色深浅不一，可用棉纱蘸油粉反复涂擦多遍，直到擦满木材的全部棕眼，做到颜色一致，不得污染墙面和小五金。待油粉稍干后，用竹丝或细软刨花将表面多余的油粉擦净。线角等不易擦净的地方,应用竹片或牛角翘刮擦（不准用铲刀刮）。油粉干后，用旧砂纸轻轻顺木纹打磨，先磨线角和裁口，后磨四口平面，注意保护棱角，不要将棕眼内油粉磨掉。磨后用潮布将粉末等擦净。

2）润水粉。用大白粉、颜料和水、胶配成水粉。操作方法同润油粉。但水粉系用品色颜料配成，应注意以下两点：

①品色颜料着色力较强，操作时，应对细小部位随涂随擦，大面积处应涂均匀，一个面应一次涂擦成活，应避免在接头重叠处，涂粉不匀造成颜色深浅不一。

②水粉干后，应用布擦干净，不准用砂纸打磨。

（3）刷清漆

润粉后，满刷清漆一遍。涂刷时，要多刷、多理，涂刷均匀、饱满。不流坠，刷纹通顺，无节无绺，光亮、均匀。

（4）填补腻子

用与润粉颜色相同的油腻子，将木材的接缝、裂纹、棕眼和钉眼等抹平刮光。腻子干后，用细砂纸轻轻顺木纹打磨平整、光滑。先磨线角，后磨四口平面，保护好楞角，用布蘸漆片溶液将腻子四周擦抹干净。

（5）刷水色一遍

将石性颜料用热水溶泡，再适当加热，使其充分溶解。依颜色的深浅决定颜料与水的比例。一个面的水色应一次性有规律地刷完，不得漏刷。如颜色深浅不一时，可在浅

色处补刷，晾干，直至颜色基本一致。

（6）刷漆片

刷漆片 2 遍或 3 遍，涂刷时，应随刷随拼色，每道漆片刷后，都必须用旧砂纸轻轻打磨一遍。

（7）擦软蜡

用干净的纱布蘸光蜡薄薄地、均匀地涂擦在门窗或护墙板上，再用软布揩擦出光亮。

第5章

结构加固修缮技术

历史风貌建筑的结构加固主要包括基础加固、砌体加固、混凝土加固、木构件加固等。

建筑结构体系的加固方法有三种：一是以建筑原有结构体系为基础，并对原有结构体系适当加固，从而满足新的使用功能要求及现有规范；二是加固原有结构体系同时增加新的结构体系，使新老建筑结构共同承担荷载；三是完全脱离原有结构体系，完全由新结构体系受力承载。历史风貌建筑结构体系的加固必须以保护历史建筑的真实历史信息为前提，同时应当综合考虑满足历史建筑新的使用功能要求。一般情况下，其结构体系的加固以第一、二种方法为主，第三种方法的使用应该慎重，适用于历史风貌建筑的局部改建或者因特殊原因而不得不重建的情况。

5.1　基础加固

历史风貌建筑多数为灰土地基（一般为三步 1∶3 灰土或三步 2∶8 灰土），极少数为桩基。基础多数为砖砌条形基础和独立基础，砖砌基础大多使用草砖、石灰砂浆或水泥石灰砂浆砌筑。个别为钢筋混凝土独立基础、条形基础和筏形基础等，混凝土强度等级一般为 C8 ~ C13。

造成基础损坏的原因主要有地下水侵蚀，干湿、冻融循环，材质老化，非正常使用，及地基不均匀沉降等。修缮加固前，必须具备下列资料：

（1）查勘设计图纸或说明。

（2）修缮工程附近的地下管线图。

（3）修缮施工组织设计或修缮施工方案及技术措施。

（4）必要的试验、检验资料。

5.1.1　钢筋混凝土加固附壁柱基础

（1）放线。按查勘设计位置放挖槽线。

（2）挖槽、做垫层。挖槽至设计标高，最深不应超过原地基表层或原垫层底部，并新做混凝土垫层。

（3）标定锚筋位置。在原基础上弹植筋线，确定穿插锚接钢筋位置，并做好标记。

（4）钻孔。按标记位置及查勘设计深度钻孔，并清净孔内浮灰。

（5）原基础表面处理。混凝土基础应将表面凿毛，并清理干净。砖基础应做深耕缝处理，清理界面。

（6）固定锚筋。用锚固砂浆或专用植筋胶将钢筋固定，填塞牢固。

（7）绑扎钢筋。按查勘设计绑扎基础加固部分钢筋并与锚固连接筋绑扎牢固。

（8）支设模板。模板检验合格后，涂刷隔离剂。

（9）浇筑混凝土。原基础及垫层浇水湿润，浇筑混凝土，振捣密实。

（10）养护、拆模、回填。对新做基础养护后，拆模板进行检查，经验收合格，分

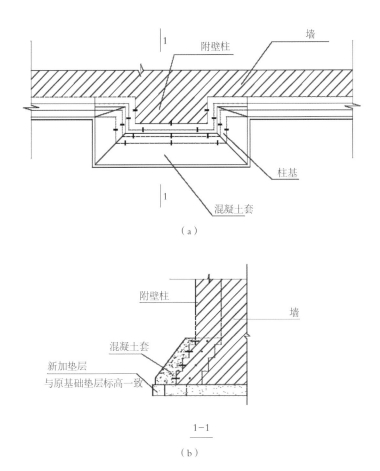

附壁柱　墙

柱基

混凝土套

（a）

附壁柱

墙

混凝土套

新加垫层
与原基础垫层标高一致

$\dfrac{1-1}{}$

（b）

图 5-1　钢筋混凝土加固附壁柱基础
（a）平面；（b）1-1 剖面

层回填土并夯实（图 5-1）。

5.1.2　钢筋混凝土加固独立基础

（1）放线。按查勘设计位置放挖槽线。

（2）挖槽、做垫层。挖槽至设计标高，最深不应超过原地基表层或原垫层底部，并新做混凝土垫层。

（3）标定锚筋位置。在原基础上弹植筋线，确定穿插锚接钢筋位置，并做好标记。

（4）钻孔。按标记位置及查勘设计深度钻孔，并清净孔内浮灰。

（5）原基础表面处理。如原基础为钢筋混凝土基础，应将表面凿毛，并清理干净，并将老基础周边混凝土凿除露出基础底部钢筋，使其达到查勘设计的搭接长度。

　如原基础为砖基础，应做深耕缝处理，清理界面。

（6）固定锚筋。用锚固砂浆或专用植筋胶将钢筋固定，填塞牢固。

（7）绑扎钢筋。钢筋混凝土基础加固部分的钢筋与原基础连接时，可采用与原基础内钢筋焊接方式，按查勘设计绑扎钢筋并与锚固连接筋绑扎牢固。

（8）砖基础加固部分，按查勘设计绑扎基础加固部分钢筋并与锚固连接筋绑扎牢固。

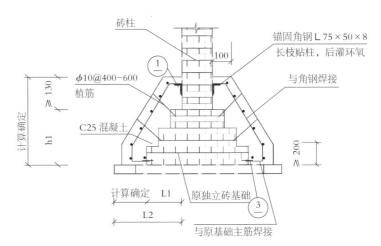

图 5-2　钢筋混凝土加固柱下独立基础

（9）支设模板 。应尺寸准确、规整牢固并经检验合格。

（10）浇筑混凝土。清理好接槎适时涂刷界面剂，浇水湿润浇筑混凝土，振捣密实。

（11）养护、拆模、回填。对新做基础养护后，拆除模板进行检查修整，经验收合格，回填土分层夯实（图 5-2）。

5.1.3　钢筋混凝土穿墙梁加固砖砌条形基础

（1）放线。按查勘设计在原条形基础部位的两侧放挖槽线。

（2）挖槽、做垫层。开挖穿墙梁及两端边梁坑槽，最深至老地基表层，做混凝土垫层。

（3）弹线。在基础墙上弹穿墙梁洞口线。

（4）剔凿穿墙梁洞口。用云石锯切割、剔凿规整。

（5）界面处理。两侧边梁、穿墙梁与老基础及基础墙接触面应剔凿砖缝，并清理干净。

（6）支设模板。支设条形基础两侧加固边梁和穿墙梁模板，其穿墙梁侧模板应高于墙洞口上皮 20 ～ 30mm，涂刷隔离剂。

（7）绑扎钢筋。按查勘设计绑扎穿墙梁及两侧边梁钢筋。

（8）浇筑混凝土。将基础墙浇水湿润，浇筑混凝土振捣密实。

（9）养护、拆模、回填。对新做穿墙梁及边梁养护后，拆除模板进行检查修整，经验收合格，回填土分层夯实。

5.2　墙体加固

砖是历史风貌建筑中常用的建筑材料。砖又分为青砖、红砖及砂缸砖等。

红砖又有红草砖、红机砖、硫缸砖等种类。天津市河北路 281-293 号的历史风貌建筑外墙就是采用硫缸砖砌筑的，由于硫缸砖墙面有砖硫突出，建筑墙面有很多疙瘩，天津市人俗称该两幢楼为疙瘩楼。

青砖清水墙依砌筑方法有干摆（即磨砖对缝）、丝缝、淌白、糙砌四种砌法。前两种砌法用砖均经砍、磨，砖墙表面不留或只有极细的灰缝，内外两皮砖之间填普通砖后灌灰浆；后两种是露灰缝砌法，灰缝有凹凸两种。红砖清水墙砌筑方法多为"三顺一丁"或"一顺一丁"。

图 5-3　墙体碱蚀

砖墙经多年的风吹雨淋、潮碱、日晒，会出现损坏。根据砖墙不同程度的损坏情况，一般采用剔碱、掏砌、拆砌等方式进行维修加固。为提高墙体的整体性，也可根据墙体损坏情况采取深耕缝、挂钢筋网抹灰、增设混凝土卧墙圈梁、增设内置混凝土构造柱、防潮层改造等措施，以提高砌体的结构安全性能。

5.2.1　防潮层改造

历史风貌建筑均建成 50 年以上，多为砖木结构，随着时间的推移，原有的防潮层大多腐化、破损失去了防潮的效果，地表水和地下水会侵蚀建筑砖墙的墙脚，并沿墙体不断上升，甚至已经达到了二层。这些水分中含有大量的盐、碱等物质，轻者会导致墙身饰面脱落，滋生细菌，影响建筑的耐久性和室内卫生环境；重者使墙体严重碱蚀、破损，危及房屋的结构安全（图 5-3）。因此，在历史风貌建筑维修工程中，需要重点考虑防潮层的改造。主要采取增加防潮带和注射化学试剂等方法。

针对碱蚀砌体，采取增加防潮条板的方法，在不影响历史风貌建筑原貌的情况下，完善了建筑的防潮设置，既增加了砌体的耐久性，保证了房屋的安全正常使用，又提高了建筑的舒适性。

1. 防潮带板掏换（图 5-4 ～图 5-8）

（1）掏换位置及范围。掏换防潮带板底标高一般在室内地面 ±0.00 处；如有地下室，应在室外地坪上约 300 mm 处，或设在地下室窗台处。一般在选定的防潮带板底的标高位置向上掏拆 4 ～ 5 层砖。

（2）防潮带板。一般常用预制钢筋细石混凝土防潮带条板，长约 700 ～ 1000mm，与砌体同宽、与砖同厚（约 60mm），转角处可随砌体节点形式做成异型板（也可采用现浇方式），预制防潮带条板的板端为 45° 坡面。

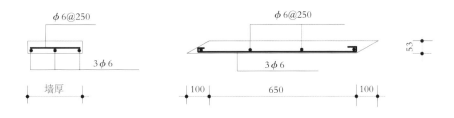

图 5-4　预制防潮板

图 5-5 墙砖剔槽
图 5-6 清理、浇
水湿润

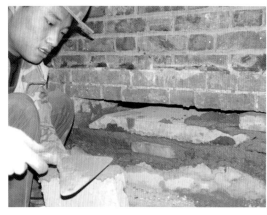

图 5-7 填充砖缝
图 5-8 掏换完成

（3）掏拆、处理。砌体掏拆应用小型工具由上而下逐层、逐段进行，掏拆后应对砌体操作面进行清理，浇水湿润，将掏拆面补砌平整。在防潮带板底标高位置用无收缩快硬水泥砂浆抹找平层。找平层应抹压平整、密实。

（4）铺设防潮带。在预制防潮带板上下表面及两端坡面满刮 108 胶素水泥浆，再在混凝土条板上下表面及两端坡面刷水泥基渗透结晶防水涂料 2 遍。在找平层上均匀摊铺 1：2.5 水泥砂浆，随后稳铺好预制防潮带板平铺在找平层上，在两块条板坡面接口处抹 108 胶素水泥浆上下粘接对齐挤严，在两板接缝处再铺粘一条宽 100mm，长与板同宽 4mm 厚的改性沥青防水卷材（SBS 条）盖缝。铺设防潮带板时应适时抄平、挂线，保证条板平直接槎一致、严密。

砌体节点处应用预制异型防潮带板铺设或选用快硬加固料现浇防潮带时，应拍压密实、平整，再适时满刮 108 胶素水泥浆。

（5）防潮带与砌体交接处理。防潮带板上部应用无收缩快硬水泥砂浆砌筑，做到砌筑平顺，砂浆饱满。砌筑最上一皮砖与原砌体接触时，必须用竹楔或钢楔将砖里外缝撑开、背实塞紧，用较干硬的水泥砂浆装捻密实，保证掏换防潮带后的砌体整体性。

（6）砌筑勾缝。如砌体为清水时，其组砌方法应与原砌体一致，勾缝与原砌体一致，防潮带板应采取措施与砌体面协调一致；如砌体面为混水墙面时，恢复原砌体装饰面。

（7）养护。掏换防潮带的每段墙体，必须及时洒水养护。

2.注射化学试剂法

如砖砌体基本完好，不对砌体进行掏砌，沿砖石砌体的砌筑砂浆缝水平打孔，注射以硅烷为主要组分的膏状憎水剂，憎水剂隔断上升毛细水，达到修复防潮层的目的（图5-9）。

图5-9 注射化学试剂

5.2.2 砖砌体深耕缝

砌体基本完好，但砌筑材料强度等级偏低的，可采用1:2水泥砂浆深耕缝补填的方式进行加固。该方法简单、易于操作。

5.2.3 砖墙剔砌（剔碱）

砖墙局部碱蚀、风化程度不大，采用砖墙剔砌（剔碱）进行加固。

（1）画定范围。按碱蚀、风化损坏面积画定剔砌范围，剔砌的边界应在砖缝处。

（2）剔除。砌体的剔拆应用小型工具由上而下逐层进行，深度为砖的宽度，并剔好槎子。剔砌面积每平方米至少应均匀剔掏通5个整丁砖。剔拆后的墙面均应清整干净，补砌前浇水湿润。

（3）砂浆选择。补砌应用早强水泥配制砂浆或选用无收缩快硬加固成品砂浆。

（4）补砌。在剔砌部位，按原墙砖的品种、规格、尺寸和组砌形式及灰缝厚度，自下而上逐层补砌。剔砌的掏通整丁砖和剔砌部位与原墙接槎处必须填塞砂浆饱满，接槎平顺。

（5）新旧墙体水平交接处理。当砌至最上一层砖与原墙水平接触时，将最上一层砖面上铺放适量的砂浆，再推砖入位，并随用竹楔或铁楔从墙的里外两面将砖缝撑开、背塞紧。一般丁砖正中背塞楔子一个，条砖均匀背塞楔子2个，楔子打入缝内，留出勾缝的深度12mm。再用较干硬的1:3水泥砂浆，将砖缝填塞严实，灰缝厚度不得小于8mm。

（6）新旧砌体拉接。为保证剔砌砌体的整体性，应保证每平方米至少均匀掏通5个整丁砖，用砂浆挤砌严实，与墙里皮砖拉接牢固。

（7）勾缝。整体剔砌完成后，应清扫干净、浇水湿润，按原砌体缝的形式勾缝。

5.2.4 掏砌砌体

当砖墙局部风化、碱蚀、损坏比较严重时，应采用掏砌方法。拆除破损砖墙，采用与原墙相同材质、尺寸、色泽的砖重新砌筑。拆砌时，应分段、间隔、间歇作业。砌体掏砌替换局部损坏砌体，能消除砌体薄弱部位，提高砌体的整体承压及抗剪性能（图5-10～图5-12）。

（1）掏砌分段原则。掏砌砖砌体应横向分段并间隔由两端向中间或由中间向两端对

图 5-10　砌体松散

图 5-11　局部掏砌施工

图 5-12　砌体掏砌加固

称进行，掏砌段的长度一般为 750 ～ 1000mm，每段的竖向高度不超过 1000mm。

（2）掏砌顺序。应横向分段跳跃隔段掏砌，必须待先期掏砌段达到查勘设计强度等级后，再掏砌相邻墙段。竖向分段掏砌时，必须待下段墙体达到查勘设计强度等级后，再掏砌上部砌墙体。

（3）架海方式选择。当砌体灰浆强度等级较高，整体性较好，上部荷载较小时，可用无架海掏砌方法。当砌体灰浆强度等级较低，整体性较差，上部荷载较大时，应采用架海掏砌方法。

根据砌体的上部整体状况及门窗洞口位置，确定墙体掏砌部分上部结构的支顶和架海方案，按方案布孔、弹线，在砌体上用云石锯切割、剔凿 240mm×240mm 孔洞，其形式宜用"二人抬"或"杠杆式"支顶，必须做到架海支撑稳定、牢靠，横梁与砌体的接触面支撑背实、背紧。

（4）砌体掏拆。每段砌体的掏拆应用小型工具由上而下逐层进行。掏拆后的墙洞槎应清整干净。

（5）砂浆选择。掏砌按查勘设计应用早强水泥配制砂浆或选用无收缩快硬加固砂浆。

（6）组砌形式和方法。掏砌混水墙宜用满丁满条组砌方法；掏砌清水砖墙必须按原墙的组砌方法留缝甩槎。砌筑时其丁砖必须用整砖，370mm 厚以上的砖墙丁砖应交错搭接，确保新砌墙的整体性。砌筑时必须严格控制水平灰缝厚度不超过 10mm，保证砂浆饱满度在 85% 以上，尽力减少砌体沉降量。

（7）新旧墙体水平交接处理。当砌至最上一层砖与原墙水平接触时，将最上一层砖面上铺放适量的砂浆，再推砖入位，并随用竹楔或铁楔从墙的里外两面将砖缝撑开、背塞紧。一般丁砖正中背塞楔子 1 个，条砖均匀背塞楔子 2 个，楔子打入缝内，留出勾缝的深度 12mm。再用较干硬的 1 : 3 水泥砂浆，将砖缝填塞严实，灰缝厚度不得小于 8mm。

（8）接缝处理。分段掏砌的砌体必须按查勘设计的有关房屋修缮技术规定，留槎、清槎、浇水湿润，其各段接槎必须用砂浆装填饱满严实，砖缝应规整平顺。新砌清水墙砖缝应与原砖缝一致。

（9）养护。砌筑的每一段墙，必须及时洒水养护。

（10）架海拆除。架海必须待新掏砌墙体达到设计强度等级后，方可拆除。

5.2.5 挂钢筋网抹灰

（1）砌体面、处理。砌体上原有明装、暗装的电器和水暖设备等先妥善处理；再剔凿清除原砌体上的抹灰层、装饰层；原砌体损坏严重的，应先进行剔砌或掏砌。

（2）剔缝处理。将砌体缝剔深为 8～10mm，全部剔除砌体缝内松散的灰浆并进行补缝；用钢丝刷清理干净砌体表面。

（3）弹线。沿砌体面和门窗洞口

图 5-13 钢筋网水泥砂浆加固砖墙抹灰

边缘先标定出周边钢筋网片位置线，按查勘设计钢筋间距在墙上弹画出水平和竖向钢筋位置线，同时标定出呈梅花形的拉结钢筋位置点，拉结筋必须布置在横、竖钢筋网的交叉点上。

（4）钻孔、绑筋。选用直径大于拉结钢筋直径 2～3mm 的钻头在交叉点位置用电钻打穿墙孔，穿拉结钢筋。按弹线绑扎钢筋网和拉结筋，一般竖筋在内，水平筋在外。

（5）钢筋穿楼板处理。按查勘设计和有关房屋修缮技术规范、标准、规定，将钢筋网的竖向钢筋穿过楼板和伸入地坪时，进行锚固。穿筋后，应将所凿孔洞用 C20 细石混凝土或较干硬水泥砂浆填塞密实，抹压平整。

（6）横（纵）砌体交接的节点钢筋处理。横（纵）墙节点处钢筋网除在拐角处应加密拉结钢筋与砌体连接，同时横（纵）墙的水平钢筋应拐入纵（横）墙的钢筋网内，并相互搭接绑扎或焊接牢固，其拐入长度满足查勘设计和有关技术规定。

（7）单面钢筋锚接。单面钢筋网细石混凝土或水泥砂浆加固砌体，常用钻孔锚筋联结。锚固筋用锚固砂浆或植筋胶钻孔植于砖墙中，其外露部分须待孔内锚固砂浆达到强度，或养护时间在 48 小时以上，方可弯折与钢筋网的横竖钢筋的交叉点绑扎。在弯折锚固筋时，严禁敲砸、锤击，以防锚固筋松动。

（8）保护层处理。控制其保护层厚度满足设计要求，钢筋网与砌体面之间，应绑扎垫块。

（9）做加固层。抹加固层前一天将砌体面浇水湿润。抹灰前砌体面刷素水泥砂浆一道（图 5-13）。细石混凝土层的厚度一般不小于 50mm，水泥砂浆层的厚度为 30～50mm。为保证加固层的厚度和质量，细石混凝土可支模板浇筑也可以抹作；水泥砂浆抹灰常用抹作方法。抹作一般至少抹 3 遍，第一遍宜采用甩抹至与钢筋相平，第二遍抹 10mm 厚找平层，第三遍抹 5～7mm 厚面层，抹平压光。如工程量较大，也可采用空压机喷射细石混凝土或水泥砂浆做法。

5.2.6　增设混凝土卧墙圈梁

钢筋混凝土圈梁是加固老旧房屋，增强其整体抗震能力的重要措施。施工时按照圈梁的位置、尺寸在外墙的内侧掏剔，不破坏外立面。随剔随放入钢制支撑件，支牢卧槽上下砌体，并用铁楔背紧，防止砖砌体松动、变位、塌落（图 5-14）。然后绑扎钢筋、浇筑混凝土。该方法适用于外立面保留价值高，不能破坏的建筑，通过加固能明显提高其抗震性能，但工艺复杂、施工难度大。

（1）弹线

按查勘设计在屋架或楼板底部墙面弹画线，标出卧墙圈梁和支撑件的位置、尺寸。

（2）剔槽

按卧墙圈梁的位置、尺寸掏剔砖墙卧槽，应平直、规整，砖屑等及时清除干净，随剔随放入用 ϕ 50 钢管上下焊 60mm×60mm×5mm 钢板的支撑件。支撑件根据砖墙整体情况间距约为 240 ～ 490mm，支牢卧槽上下砖砌体，并用硬木楔背紧，防止砖砌体松动、变位、塌落。当外墙为清水墙时，应按圈梁位置尺寸、从外墙内侧掏剔。

（3）墙槽清理

掏剔后，将墙槽内的碎砖等清理干净。

（4）绑扎钢筋

按查勘设计绑扎圈梁钢筋，圈梁钢筋与原有混凝土梁端部钢筋应焊接牢固。

（5）支模板

模板外侧应按查勘设计适当凹进墙面，按修缮加固方案在模板上部留喇叭形浇筑口，便于浇筑混凝土。

（6）浇筑混凝土

浇筑前，应将墙体与模板清理干净、充分浇水湿润，圈梁应连续浇筑，必须留施工缝时，施工缝应留直槎，浇筑振捣密实后，浇水养护。

（7）拆模

当混凝土强度达到查勘设计强度 50% 时，可拆除模板及临时连接件，及时将浇筑口上多余混凝土剔凿清理规整，用水泥砂浆抹压平整或按原有房屋建筑外貌粘贴饰面材料（图 5-15）。

图 5-14　卧墙圈梁钢板凳支撑
图 5-15　卧墙圈梁浇筑完成

5.2.7　增设内置混凝土构造柱

内置钢筋混凝土构造柱是加固老旧房屋，增强其整体抗震能力的重要措施（图 5-16）。

（a）　　　　　　　　　　　（b）　　　　　　　　　　　（c）

图 5-16　混凝土浇筑
（a）墙体剔凿；（b）钢筋绑扎；（c）浇筑完成

（1）弹线

按查勘设计在墙面弹画线，标出构造柱、罗汉槎的位置、尺寸。

（2）剔槽

按构造柱、罗汉槎的位置、尺寸掏剔砖墙，尺寸应规整，砖屑等及时清除干净。当外墙为清水墙时，按罗汉槎的位置、尺寸从外墙内侧掏剔。

（3）绑扎钢筋

柱的主筋应与梁的端部钢筋绑扎或焊牢，构造柱的箍筋在根部和顶部应加密。

（4）支模

支设外侧模板应按查勘设计适当凹进墙面或与墙面相平，还应支设垂直、严密、牢靠。上部留喇叭形浇筑口。

（5）浇筑混凝土

浇筑前，应提前将模板、墙面、槽孔清理干净、浇水湿润。混凝土应分层连续浇筑，随浇筑随振捣密实，每层浇筑厚度不应超过 500mm，应注意在与梁和销键交界处加强振捣，及时浇水养护。

（6）拆模

当混凝土达到设计强度的 50% 时方可拆模，按查勘设计重新恢复修正墙面。

5.2.8 墙体加固案例——大理道 49 号、55 号修缮工程 [7]

1. 历史沿革

该建筑位于天津和平区大理道 49 号、55 号，现作为住宅使用。2005 年被天津市政府列为一般保护等级历史风貌建筑。该建筑建于 1937 年，建筑面积 506.61m²，为砖木结构 3 层楼房，另设有附属平房（见图 5-17、图 5-18）。

2. 建筑概况

因建造年代久远，使用后期曾有多户居民伙住的情况，使用荷载远远超出了其原有的设计要求，且历经了地震等自然灾害，曾于 1976 年唐山大地震后采取简单抗震加固措施，增加了外跨圈梁，破坏了建筑立面效果；内外墙体及砖券过梁有明显开裂及变形等结构损坏现象；屋顶局部有漏雨现象，部分木椽已糟朽等（图 5-19、图 5-20）。

3. 主要修缮项目

（1）墙体加固

1）对于裂缝宽度超过 5mm 的墙体，采用局部加筋掏砌方法进行修复（图 5-21）。

2）对于砌筑材料强度等级偏低的墙体，采用 1:2 水泥砂浆进行深耕缝局部加固处理（图 5-22）。

3）对没有防潮层的墙体，进行掏换防潮层处理，防潮板使用 SCM 灌浆料制作，很大程度上解决了冬期施工期间普通混凝土终凝时间长、不易凝固等缺点（图 5-23 ~图 5-25）。

图 5-17 整修前 49 号主楼外立面
图 5-18 整修前 55 号主楼外立面

图 5-19 二层露台搭设违章
图 5-20 院落整修前

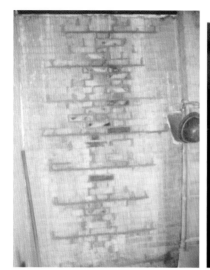

图 5-21　墙体局部加筋掏砌

图 5-22　墙体深耕缝局部加固

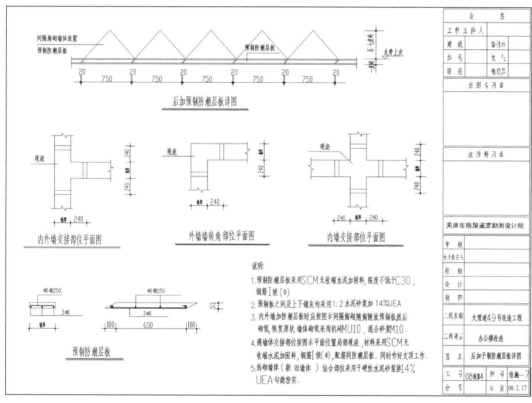

图 5-23　增设防潮板设计图纸

图 5-24　掏、剔碱蚀墙体

图 5-25　SCM 防潮板上部墙体砌筑

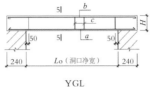

YGL

更换 GL 示意图

n×120（墙厚）

注：加固设计说明详见施—1.

	A	H	a	b	c
800~1200	120	120	2 ⏀ 12	2 φ 10	φ6@150
1300~1500	120	180	2 ⏀ 12	2 φ 10	φ6@150
1600~1800	120	180	2 ⏀ 14	2 φ 10	φ6@150
1900~2100	120	240	2 ⏀ 14	2 φ 12	φ6@150
2200~2700	120	300	3 ⏀ 16	2 φ 12	φ6@150

5-5

图 5-26 门窗
过梁更换设计图

注：YGL 下皮标高均为门洞口上皮标高，表中 A 尺寸可根据施工要求调整为 180，配筋不变。

图 5-27 外跨
圈梁

图 5-28 内置
圈梁、构造柱
设计图纸

图 5-29 内置
圈梁绑筋、钢支
架（俗称铁板凳）

图 5-30 内置
构造柱浇筑完毕

4）门窗洞口改变或砖券过梁开裂时，混水墙采用更换混凝土过梁方法处理；清水墙进行拆砌，恢复原貌（图 5-26）。

5）圈梁、构造柱加固

由于天津市历史原因，许多历史风貌建筑均存在 1976 年地震后使用外跨圈梁加固，未加设构造柱。现将建筑原有外跨圈梁拆除，改为内置圈梁，并增设构造柱，完善抗震设防措施（图 5-27 ～图 5-30）。

图 **5-31** 平屋顶木结构糟朽严重

图 **5-32** 木龙骨局部糟朽

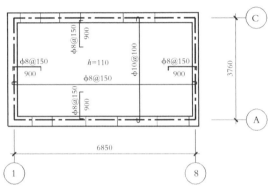

图 **5-33** 现浇混凝土施工设计图

图 **5-34** 钢筋混凝土浇筑前绑筋

（2）楼盖加固

该建筑的楼面结构主要有小肋空心砖和木结构两种形式。室内地面为木结构，三层露台为小肋空心砖结构。木龙骨局部糟朽、小肋空心砖楼面破损严重，不能满足正常使用，小肋空心砖用现浇钢筋混凝土重新浇筑（图 5-31 ～图 5-34）。

1）钢筋的混凝土保护层：上部结构现浇板：20mm（受力筋），10mm（分布筋）。梁柱：30mm（受力筋），15mm（箍筋或构造筋）。

2）钢筋搭接接头长度 L，应根据同一连接区段内的钢筋搭接接头面积百分率按下式计算：$L=L_a$ 钢筋绑扎搭接接头连接区段的长度为 1.3 倍搭接长度 . 对梁类构件同一连接区段的钢筋搭接接头面积百分率不应大于 50% 搭接长度范围内的箍筋间距：当钢筋受拉时不应大于 100mm，当钢筋受压时不应大于 200mm。

3）现浇钢筋混凝土楼板，板底主筋不得在跨中搭接，伸过墙或梁的中心线，且锚固长度不小于 10d，板底支座盖筋不得在支座搭接，钢筋混凝土简支梁和连续梁简支端的下部纵向受力钢筋，其伸入梁支座范围内的锚固，长度 $L_{as}>15d$。未注明分布钢筋为 $\Phi 6@200$，其伸入梁支座范围内的锚固长度 $L_{as}>15d$。

4. 保护修缮效果

（1）延续建筑历史

作为住宅建筑的继续使用，利于保留原建筑的历史形态，达到了历史建筑的历史、人文价值的保护需要。天津五大道地区多为民用住宅，该修缮工程总结出的修缮技术，实用性和可操作性强，具有代表性。

（2）恢复建筑风貌特征

修缮工程未对建筑的风貌特征和结构安全造成破坏，尤其是将外跨圈梁改为内置，恢复建筑外立面历史原貌，还对承重结构进行了加固补强处理，满足该建筑后期使用年限内的结构安全及耐久性要求。

5.3　混凝土构件加固

历史风貌建筑的混凝土构件由于受当时的施工材料、工艺技术的影响，加之近百年的风雨侵蚀，很多出现了混凝土风化、疏松、开裂、保护层脱落、钢筋锈蚀等问题，影响建筑安全，需要根据情况采取裂缝修补、保护层修补、碳纤维加固、增设混凝土构件、重新浇筑等方式进行加固，以提高构件的结构安全性能。

5.3.1　混凝土构件裂缝修补

混凝土结构构件的裂缝，有的降低了构件的强度等级及刚度，影响构件的承载力；有的虽对承载力影响不大，但易引起钢筋锈蚀、降低结构构件的耐久性，影响正常使用。因此，应根据裂缝的种类、产生的原因（如混凝土浇筑后养护不到位干缩，屋顶板没设伸缩缝等）、大小、部位及结构受力情况和房屋使用要求，分别进行维修加固。

混凝土裂缝宽度小于0.3mm的，可采取压力灌浆修补；浆液应优先选用专用灌注胶或按浆材配方配制，其配制数量，应根据进浆速度、凝固时间确定。

5.3.2　混凝土保护层修补

混凝土构件基本完好，保护层部分松散脱落的，可将保护层松散部分剔除，对裸露的钢筋进行除锈，再用聚合物砂浆重新补抹。

5.3.3　碳纤维加固混凝土

图5-35 混凝土碳纤维加固

混凝土构件承载力欠缺，可通过面层粘贴碳纤维片材的方式进行加固。粘贴在混凝土构件表面上的碳纤维片材，不得直接暴露于阳光或有碍碳纤维片材耐久性的介质中。按设计和有关标准规定，选用与碳纤维布粘贴可靠的材料做好表面保护（图5-35）。

（1）加固混凝土构件前，应认真阅

读加固设计图纸、说明，熟悉碳纤维复合材加固施工技术、工艺操作，根据加固构件混凝土的实际情况和施工现场拟定加固方案和技术措施，按设计准备好所用碳纤维复合材和配套底胶、胶粘剂和机具等。

（2）尽可能卸除加固构件上的荷载

（3）混凝土表面处理

1）清除混凝土表面疏松、蜂窝、腐蚀、剥落、灰渣等缺陷，露出混凝土结构坚实层，清洗干净，用补强砂浆或聚合物砂浆修补平整。

2）按设计封闭灌浆处理好裂缝。

3）打磨处理混凝土构件表面，除去浮浆、油污等，对棱角进行仰角打磨，圆化处理，半径 ≥ 20 mm 的圆弧形。

4）混凝土表面清理干净，可用丙酮清洗一遍，并保持干燥。

（4）涂刷底胶

树脂配制时应按产品使用说明中规定的配比称量置于容器中，用搅拌器均匀搅拌至色泽均匀。搅拌用容器内及搅拌器上不得有油污及杂质。应根据现场实际环境温度决定树脂的每次拌和量，并按使用要求严格控制使用时间。

按胶粘剂厂家的配套底胶主剂和固化剂准确计量，根据现场实际气温一般 1 小时内用完确定用量，配置底胶。用滚筒刷涂底胶均匀涂刷于混凝土表面，待底胶表面指触干燥时，速进行下道工序施工。

（5）找平处理

按产品生产厂家的工艺技术规定配置修补找平胶，修补混凝土表面凹陷部分达到平整，修补转角成光滑的圆弧形，其半径 ≥ 20 mm，待指触表面干燥时，尽快进行下一工序施工。

（6）粘碳纤维复合材（碳纤维布）

（7）按设计图纸在混凝土构件表面弹画碳纤维复合材的宽度、间距及压条、U 形箍等。

（8）按设计和构件的弹线尺寸、层数、长度裁剪碳纤维布，一般碳纤维布的长度在 3000 mm 以内。

（9）浸润碳纤维布，在工作平台上先平铺塑料薄膜，将裁好的碳纤维布平铺在薄膜上，涂刷浸润胶，在其上涂一层塑料薄膜，用滚子碾压，再将碳纤维布反转 180°，揭去薄膜再涂刷浸润胶，直至用浸润胶将碳纤维布浸润透，待用。

（10）按产品生产厂家的工艺技术配置胶粘剂，均匀涂刷于待粘贴混凝土加固构件的部位，在搭接及拐角等部位应适当多涂一些。

（11）将碳纤维布剥去塑料薄膜，准确粘贴到设计部位，用专用滚筒顺碳纤维方向反复滚压，挤除气泡，使浸渍树脂胶充分浸透碳纤维布，注意滚压时不准损伤碳纤维布。

（12）多层粘贴时应重复上述操作，并在纤维表面浸渍树脂胶指触干燥时，尽快粘贴下一层。

（13）在最后一层碳纤维布的表面均匀涂抹浸渍树脂胶。

（14）表面保护

按设计和有关标准规定，选用与碳纤维布粘贴可靠的材料做好表面保护。

图 5-36 小肋空
心砖楼板破损

图 5-37 混凝土
浇筑后

5.3.4 增设混凝土构件

混凝土（小肋空心砖）楼板破损严重，强度低，远远不能满足荷载要求，但楼板面层极具保留价值的装饰材料的，可采用楼板下方浇筑钢筋混凝土的方式进行加固（图5-36）。提高楼板的承载能力，保证建筑结构的安全性，同时也有效保护了楼板面层的装饰材料，但施工难度较大。

施工中，先将原楼板板底抹灰清除干净，然后在楼板下表面植筋，绑扎钢筋笼。支模板后，采用压力泵顶升的方式，从下部浇筑细石混凝土，同时做好与原墙体的连接（图5-37）。

5.3.5 混凝土构件加固案例——原天津工商学院2号楼修缮工程

1. 历史沿革

原天津工商学院2号楼，位于天津河西区马场道117-119号，现由天津外语大学做办公用房使用。2005年被市政府列为重点保护等级历史风貌建筑。

该建筑建于1922年，由比商义品公司设计。二层混合结构楼房，外立面为红砖清水墙，入口处设6根圆柱支撑的门廊，多坡屋顶，筒瓦屋面（图5-38）。

天津工商学院筹建于1920年，为法国天主教会创办的一所大学，初名工商大学，翌年，选址于英租界马场道。1925年建成，初设工、商两科，1933年改名为天津工商学院，校训为"实事求是"。1937年添设建筑系，为天津建筑教育之始，图5-39为一

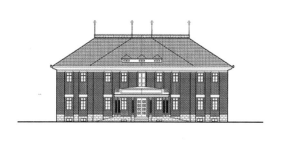

图 5-38 建筑
外檐

（a）正立面图；
（b）立面照片

（a）　　　　　　　　　　　　　　　　（b）

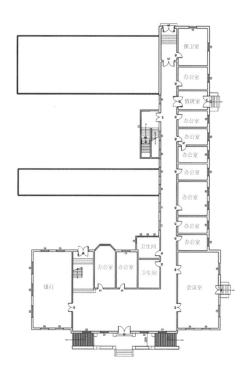

图 5-39 一层平面示意图

图 5-40 一层楼板地砖

图 5-41 小肋空心砖楼板破损照片

层平面示意图。

2. 建筑概况

该建筑历经 90 多年的使用,各部位均存在不同程度的损坏,在 2009 年安全查勘中,发现一层小肋空心砖楼板混凝土脱落,钢筋锈蚀严重,空心砖破损严重(图 5-40、图 5-41)存在安全隐患;另地下室潮湿,墙体碱蚀损。

该建筑一层楼板地砖保存较好,颜色鲜艳、规格完整,在天津历史风貌建筑中独具特色。

3. 主要修缮项目

2012 年对该建筑一层楼板及地下室进行了全面修缮,恢复了使用功能。

(1)小肋空心砖楼板加固

在通过查勘、设计、专家论证及方案审批等环节后,对建筑一层楼板及地下室墙体等进行了全面修缮。主要包括;通过增加混凝土楼板提高一层小肋空心砖承载力,并调整施工方法,由上部灌浆改为下部灌浆(图 5-42),在保证施工质量的同时,保留一层地砖面层。

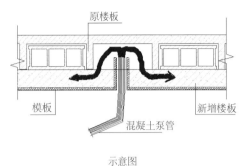

图 5-42 后增混凝土板绑筋施工

示意图

原楼板

模板　混凝土泵管　新增楼板

图 5-43 糟朽木构件照片

（2）其他修缮项目

采用深耕缝、掏砌等方式加固墙体；完善抗震措施，并对地下室的水电路进行全面提升、改造，提高建筑适用性。

4. 保护修缮效果

（1）延续建筑历史

作为教育建筑继续使用，利于保留原建筑的历史形态，教育建筑是教育活动的场所，其安全性直接影响学校教育活动的正常开展，同时它作为载体能够反映学校的教育思想、文化面貌，彰显学校文化，其重要性不言而喻。

（2）保护建筑风貌特征

整修工程未对建筑的风貌特征和结构安全造成破坏，采用现代手段，对承重结构进行了加固补强处理，满足该建筑后期使用年限内的结构安全及耐久性要求。

5.4　木构件加固

很多历史风貌建筑都是木结构、砖木结构的，木构件历经百年，劈裂、断裂、糟朽情况较多，存在安全隐患，需要根据情况采用镀锌钢丝或扁钢箍、木夹板、碳纤维、拆换等措施进行加固，以提高构件的结构安全性能（图 5-43）。

5.4.1　镀锌钢丝或扁钢箍加固

木构件风干收缩、受力、年久等因素影响造成竖向劈裂，可采取加扁钢箍或缠绕镀锌钢丝的方法进行加固。该方法可对木构件的截面产生约束作用，限制木构件裂缝的延伸与发展，并确保构件的承载能力不降低。这种加固方案施工简便，且耐久性强（图 5-44）。

5.4.2　木夹板加固

1. 木龙骨木夹板加固

木梁、木龙骨大部分完好，局部糟朽的，可将糟朽部分截掉，换上与截去部位材质、尺寸相同的新木材，用木夹板加固连接，使其成为整体受力构件。施工过程中，新旧料截面接缝应严实、顺直，螺栓拧紧牢固。在不整体更换木构件的情况下，对其局部损坏部位进行替换并用夹板固定的维修方法，能够有效增强木构件的受力性能，且工程量小，施工简便（图 5-45）。

图 5-44　缠绕镀锌钢丝加固

1）支顶卸载。按修缮加固方案对加固的木梁、木龙骨进行临时支顶或卸除上部荷载，根据现场情况拆除局部地板。当多层梁、木龙骨加固时，注意各层支顶点必须上下在一条垂直线上。

2）下料加固。按查勘设计核查现场情况，制备木（或型钢）夹板，截去木梁、木龙骨的损坏部位，换上与截去损坏部位材质、尺寸相同并做好防腐处理的新木材，比照夹板在木梁、龙骨上钻孔，安装夹板，穿好螺栓拧紧螺母。梁、龙骨新旧料截面接缝应严实、顺直，螺栓拧紧牢固。

2. 穿新龙骨加固

龙骨下垂、劈裂变形损坏比较严重的，应在原龙骨侧边穿帮材质、尺寸相同并做好防腐处理的新龙骨，也可用钢龙骨替换，注意一定要用木楔背实背紧受力支撑点。

3. 首层架空层增加支撑点加固

首层木龙骨环境潮湿，通风条件差，年久易糟朽损坏，造成木地板下沉、开裂损坏，应按查勘设计结合现场情况用砌筑砖垛或砖墙支撑木龙骨加固。

（a）　　　　　　　　　　　　（b）

图 5-45　木龙骨木夹板加固
（a）木龙骨木夹板加固；（b）木龙骨端头加固

133

天津 历史风貌建筑保护技术

图 5-46 缠绕
碳纤维加固

图 5-47 木构
件新做

4.用下撑式钢拉杆（圆钢）加固木梁

1）根据查勘设计的加固节点、构件尺寸，核查现场情况，实地量测放样，做出样板，经检查无误后下料制作，安装时钢拉杆应张紧拉直，固定牢靠，新加的钢拉杆下撑系统，应在梁轴线的同一平面内。

2）在梁两端 100mm 处各钻 ϕ17 横向孔 1 个。煨制 ϕ8 圆钢环 2 个、两端套螺扣的 ϕ12 钢筋 1 根、ϕ16 螺栓 2 只，L50×50×6 角钢 2 块及螺母等预制件，按设计进行拼装，将螺母拧紧即可。如果梁下挠过多，在拧螺母前，可把梁中部稍加顶高。

5.4.3 碳纤维加固

木构件强度不足时可采用粘贴碳纤维的方法加固。采用此法加固能够提高杆件的抗拉及抗剪能力，从而达到加固木屋架的目的。这种加固维修方案对基底处理、粘接等施工工艺要求较高（图 5-46）。

5.4.4 拆换替换

木构件严重损坏，已无维修价值的，可选用相同材质的木料，按照原有尺寸进行复制。拆换构件时要做好支顶及防护。对严重损坏的木构件进行更换，能够彻底消除安全隐患。提高木结构体系的承载能力，但施工量较大，有一定的施工难度（图 5-47）。

5.4.4.1 木柱维修

1.木柱根部糟朽截换

1）按修缮方案先临时支顶柱的上部构件，卸除柱荷载。按查勘设计的留槎部位截去原柱的糟朽部分，其截面应顺直平整。

2）选择与原柱断面相同的木料，量准尺寸，按原柱的留槎预制配好下部的木柱，接在原有木柱的下面。接头的各接触面，应吻合严密、吊正、找直临时钉好。

3）柱的新旧接槎及柱根与基础的相接处，必须按查勘设计用钢铁配件连接或镀锌钢丝缠绕牢固。

4）木柱与基础和墙的接触处，必须涂刷好防腐油。

2.柱身倾斜扶正找直

按查勘设计和修缮方案，先支顶托梁再扶正柱。也可先支顶处理好柱根、柱顶，再用手扳葫芦、钢丝绳拴好柱根，缓缓将柱根拉就位并背紧、背严。对于无条件扶正的，应按查勘设计以斜杆加固，用螺栓固定，使其不再继续倾斜。

3.柱基损坏重作基础

应先按维修施工方案，临时进行支顶卸去柱的荷载。按查勘设计新作柱的基础，并下好预埋件，使之与柱根连接牢固。

5.4.4.2　木楼梯维修

1. 拆换明蹬三角楼梯斜梁

按查勘设计和现场楼梯损坏情况，实测原木楼梯斜梁、蹬踏板、踢板的尺寸后再拆除损坏部位，选好木料，按实测尺寸制作准确，按修缮加固方案，先安装楼梯斜梁，固定好上下两端，在斜梁上弹线粘钉三角木，蹬板与三角木粘钉，踢板和踏板应平整、牢固，其靠墙和着地部分均应做好防腐处理。

2. 拆换装帮楼梯斜梁

按查勘设计实测原楼梯斜梁、踏步板、踢板的尺寸无误后再拆除，选好木料重新制作，其斜梁的踏步板、踢板的刻槽深度、位置准确，踢板、踏步板装镶时应和斜梁的刻槽粘结吻合严实，安装楼梯斜梁就位上下两端固定牢靠。

3. 局部修补

木梁、楼梯帮、踏步板、踢板、栏杆、扶手维修，应按查勘设计用贴、挖、拼、补、换等办法按原样进行粘、钉修补。

5.4.5　木构件加固案例——玉皇阁修缮工程

1. 历史沿革

玉皇阁位于东门外玉皇阁大街 12 号，特殊等级历史风貌建筑，天津市文物保护单位。该建筑建于明初，宣德二年重建，距今已有 600 多年的历史（图 5-48），是天津市年代最久远的木结构楼阁之一。

玉皇阁原为天津历史上建造规模较大的道教建筑群，从东到西原有旗杆、牌楼、山门、前殿、南北斗楼、清虚阁、三清殿等建筑。近代，由于历史原因，玉皇阁遭到了严重损坏。现在仅存的建筑原名清虚阁，是玉皇阁建筑群唯一保留下来的明代建筑，后人为纪念玉皇阁建筑群，将其更名为玉皇阁。

2. 建筑概况

该建筑坐西朝东，面向海河，台阶踏步六级，两侧设有垂带石。整个楼阁分为上、下两层。上层檐下设有木制回廊，周围廊设擎檐柱；底层楼盖结构为承重梁、随梁枋、楞木、木地板、方砖铺墁；上层梁架为九檩七架梁、木檩、木椽、木望板；屋顶为九脊单檐歇山琉璃瓦顶，剪边做法，围脊为龙凤纹花琉璃脊饰，上层歇山博风、山花等处均为花琉璃饰件，工艺精制考究，是典型的中国传统大式建筑。该建筑历经明清两代多次不同规模的修缮，既有明式，又有清式同时兼有地方风格的做法特征。在熏黑的木梁上还可以看到一条条的"千秋带"，清楚地记载历朝为它修缮的信息（图 5-49）。

图 5-48　玉皇阁照片

图 5-49 木梁
千秋带

图 5-50 檐柱
下部糟朽

该建筑历经 600 多年的使用，结构、装饰等方面均存在一定问题。主要表现为砌在墙内的檐柱下部糟朽（图 5-50），梁架歪闪、上下层檐头翼角变形、下垂严重、二层楼面承重梁下挠过大、木楼板颤动严重、琉璃瓦破损、屋面渗漏严重、外檐门窗损坏、缺失严重、油饰地仗大部分剥落、室内外彩绘破旧难辨，地面、台明、墙体、栏杆等均损坏严重。

3. 保护利用情况

2004 年，结合古文化街改造工作，市国土房管局对该建筑进行了全面整修，并作为海河两岸重点旅游景点对外开放。

（1）建筑整修

管理部门组织有关专家、设计、施工人员反复研究确定了整修方案，对建筑进行了全面的整修。主要是采用原材料更换、碳纤维加固等方式，提高木承重构件的强度及刚度（图 5-51 ~ 图 5-54）；采用原式样、原材料的方式对糟朽的门窗等木作进行了更换；采用传统工艺恢复了屋顶瓦件、屋脊件，台明、台阶等瓦石作工程；对室内外彩画及油饰地仗按原工艺予以修复；增设照明、避雷系统。恢复建筑历史原貌效果。

（2）再利用

玉皇阁距三岔河口只百米之遥，作为天津著名的道教宫观，该建筑改造后承载了传播道教文化、举办民俗活动的功能。

图 5-51 木梁
糟朽

图 5-52 木梁
维修

图 5-53　碳纤维加固木梁
图 5-54　门窗维修

　　玉皇阁每年都举办多次较有影响的活动，如正月初九玉皇会、二月二龙抬头、五月初五端午节（图 5-55）、九月初九重阳节（图 5-56）等，均具有一定影响力。

　　4. 保护利用效果

　　（1）延续建筑历史

　　该建筑原为宗教建筑，修缮后仍作为宗教活动场所对外开放，是对建筑的合理利用，更是对建筑传统文化的历史延续。

　　（2）恢复建筑历史原貌

　　通过结构加固使历经百年的建筑更加牢固、安全，延长了使用寿命。采用传统工艺对木作、瓦石、油饰等进行了修缮，恢复了建筑昔日风采（图 5-57、图 5-58）。

图 5-55　端午节活动
图 5-56　重阳节活动

图 5-57　建筑修缮前照片
图 5-58　建筑修缮后照片

参考文献

[1] 天津市国土资源和房屋管理局. 天津市历史风貌建筑保护条例. 2005.

[2] 天津市历史风貌建筑保护委员会办公室，天津市国土资源和房屋管理局. 天津历史风貌建筑图志 [M]. 天津：天津大学出版社，2013.

[3] 天津市风貌建筑保护办公室 .DB/T 29-138-2018 天津市历史风貌建筑保护修缮技术规程 [S]. 北京：中国建材工业出版社，2018.

[4] 天津市房屋安全鉴定检测中心 .DB12/T 571-2015 历史风貌建筑安全性鉴定规程 [S]. 2015.

[5] 天津市公安局消防局，天津市建筑设计院. 历史风貌建筑防火技术导则. 2017.

[6] 李朝旭，王清勤. 既有建筑综合改造工程实例集（3）[M]. 北京：中国建筑工业出版社，2011.

[7] 李朝旭，王清勤. 既有建筑综合改造工程实例集（2）[M]. 北京：中国建筑工业出版社，2010.